ペットロス
いつか来る「その日」のために

伊藤秀倫

文春新書
1409

プロローグ——号泣する準備はできていなかった

そのとき、私はスーパーの「精肉売り場」にいた。

ポケットの中でマナーモードの携帯電話が震えているのに気づいたとき、心臓が竦《すく》み上がった。画面に妻の名前が表示されたのを見て、自分が「やらかした」ことを悟った。

「今どこ？　ミント、今、逝っちゃったみたい」

一瞬カゴを放り出して走り出したが、今から急いでも間に合わないのだ、と気づきレジへと向かう。よほど血の気が引いていたのか、レジ係の女性に怪訝な顔で見送られながら店を飛び出した。家まで走る間、「まだあったかいから……はやく帰ってきてあげて」という涙声の妻の言葉が、頭の中でグルグルと回っていた。

二〇二〇年五月六日、私は愛犬を亡くした。雑種のオスで、名前を「ミント」という。

一九歳五カ月は、人間でいえば一〇〇歳を超えているともいわれ、「大往生」の部類に入る。

亡くなる四〜五日前から、ほとんど固形物を食べられなくなり、その前日の夜からは持病のてんかん発作が二、三時間おきに頻発し、ミントも私も妻もほとんど一睡もできなかった。

そして迎えた「その日」。ミントは午前中にも発作を起こしたものの、昼をすぎると、やや落ち着き、ようやくウトウトしはじめた。

「今日は長い夜になるかもしれないな」

そう感じた私は、この隙に動物病院に鎮静薬をもらいに行き、ついでに衰えた犬の食欲を刺激できるものはないかと、スーパーに寄ってしまった。そして電話が鳴ったのである。

スーパーから家までの距離は走れば五分。大人になってからあそこまで懸命に走った記憶はない。玄関をこじ開けるようにしてリビングに飛び込んだ瞬間、クッションに横たわるミントの姿が目に飛び込んできた。涙とともに「ごめん！」という言葉が溢れて止まらない。まるで寝ているようにしか見えないが、その瞳だけが、光と一緒に生命が消えたことを物語っていた。

ミントの最期の瞬間に立ち会えなかったこと。これは正直こたえた。二〇年近くにわたって、たくさんの喜びと幸せを与えてくれたミントに感謝の言葉を伝えることさえできない、という別れは想像したこともなかった。

ペットを飼っている人で、いつか来る「その日」のことを考えない人はいないだろう。自分もそうだった。だが、いざ「その日」を迎えてみると、予想していたはずの衝撃に、ほとんど何の備えもできていなかったことを思い知らされた。

ミントが亡くなって二日後のことだ。冷蔵庫を整理していた妻が「こんなの買ったっけ？」と手にした「カブ」を見て、反射的に涙が出た。それはあの日、スーパーで買ったカブだった。ミントの食欲が衰え始めたとき、犬用の自然食の製造・販売を手掛けている友人に相談したところ、「『カブのすりおろし』がいいんじゃないかな。そういう状態でも、それなら食べられるという子もいるから」と言っていたのを思い出して、カゴに放り込み、続いて精肉売り場で「大好きな鶏ナンコツなら食べられるかな。それとも目先をかえてラム肉にするか」などと考えていたときに、ミントは旅立ったのだ。この一〇分のロスのせいで、最期の瞬間に立ち会えなかった——。

カブを見て泣きながら、そんなことを一気に思い出した。思い出したから泣いたのではなく、身体が勝手に反応して涙が出た、という経験は初めてだった。四〇すぎの男がカブを見て、しゃくりあげる姿に自分で戸惑いながら、「これはマズい」と思った。号泣する準備はできていなかったのだ。

これが「ペットロス」というものなのだとすれば、事前に思い描いていたものとは全く違う。何となく日常生活でミントの不在を感じるたびに寂しくなるのだろうと想像していたが、実際に我が身に起きた心と身体の反応は、自分で制御することが不可能なほど激烈で、空恐ろしい気すらした。

一般社団法人ペットフード協会によると現在、日本における犬の飼育頭数は約八四八万九〇〇〇頭、猫の飼育頭数は約九六四万四〇〇〇頭と推計されている（二〇二〇年一〇月時点）。特に新型コロナの感染拡大以降、いわゆる「おうち時間」が増えたことから、一年以内に飼い始めたという人（新規飼育者）による飼育頭数も前年より増加しているという。一方で犬の平均寿命は一四・四八歳、猫の平均寿命は一五・四五歳。あまり考えたくないことだが、今後一五年以内に大部分の飼い主は「ペットロス」に直面することになる。

「ペットロス」とはいったい何なのだろうか。その衝撃を和らげる方法はあるのだろうか。そもそも「ペットロス」を乗り越えることは可能なのだろうか。

疑問は次々と湧いてくるが、インターネットで調べてみても、なかなか自分が必要としている情報には辿り着けなかった。この経験が本書の出発点である。

ペットロス　いつか来る「その日」のために◎目次

挿絵・ひろはたゆきち

第1章

「ペットロス」とは何か？

HIROHATA YUKICHI

こういう本を書き出しておいて何だが、「ペットロス」という言葉には、個人的にはちょっとした抵抗感がある。これは私だけではなく、本書の取材で会ったペットを亡くした飼い主たちには「ペットロスという言葉は好きじゃありません」と口にされる方が少なくなかった。

その理由を一言でいえば、ペットを亡くしたことで自分が受けた衝撃に比べて、その言葉があまりに「軽い」と感じてしまうからではないだろうか。ペットを亡くした日を境に世界が全く変わってしまったほどの衝撃を感じているにもかかわらず、その状況を客観的に表す言葉は、あまりに一般化されすぎてしまっている。本来、ペットとその飼い主が築いてきた物語は、唯一無二のものであるはずなのに、その物語が終わった瞬間に、世間的には手垢のついた「ペットロス」という画一的なイメージで片付けられてしまう。それがどうにも腑に落ちないのだ。

実はここに「ペットロス」の難しさがある。

飼い主にとっては、愛するペットを失う悲しみは、大切な存在を失うという意味では、家族や親しい友人を失う悲しみとまったく変わらない。だが、家族や親しい友人に先立たれた状況を「親ロス」とか「親友ロス」とは言わないだろう。なぜなら、残された人と亡くなった人の間の物語や関係性の重さが、そうした言葉が入り込む隙を許さないからだ。

　本来は、ペットの場合も同じはずだ。にもかかわらず「ペットロス」という言葉がこれだけ浸透したのは、ペットを失った飼い主が憔悴するほど悲しんでいる状態が、周囲の人にとっては「名付けないと理解しづらい状態」に見えるからかもしれない。もう少しわかりやすくいえば、「ペットが死んだくらいでそんなに悲しむなんて……」という周囲の目線が、「ペットロス」という言葉には、潜んでいるように思う。

　そのことを十分に踏まえたうえで、本書においては、「ペットロス」という言葉をあえて使わせていただくことをまずはご理解いただきたい。

「ペットロス」の定義

　そもそも「ペットロス」という言葉をどう定義すべきなのだろうか。

「私は『ペットロス』とは、『ペットを亡くしたときの飼い主の深い悲しみの反応と立ち直りまでの全容』と定義しています」

　そう語るのは、ペットロスに詳しい帝京科学大学の濱野佐代子准教授（肩書きは取材当時。現在は日本獣医生命科学大学教授）だ。ペットを失った直後に、深い悲しみや孤独感、後悔や罪悪感といった感情を抱くことはごく自然な反応だ。問題はその期間が長引き、精神的不調のみならず、睡眠障害や消化器症状、食欲異常、頭痛といった身体症状が生じ、さらには「何もする気が起きない」といった無気力状態が持続してしまう場合である。

　学術的な場で「ペットロス」が認知されるようになったのは一九七七年。英国の精神科医キィディが、愛犬を亡くしたことで病的な悲嘆状態に陥ってしまった三つの症例を報告したのが最初とされている。キィディは、ペットを失った後の悲嘆は、大切な人を失ったときのそれと類似の反応であるとも指摘している（Keddie, K. M., “Pathological mourning after the death of a domestic pet”）。

「精神医学の専門用語では、自分にとって大切なものを失うことを『対象喪失』といいますが、ペットロスも対象喪失のひとつといえます」（濱野氏）

　ちなみに日本のメディアにおいて「ペットロス」という言葉が初めて登場するのは、一九九六年ごろのことだ。新聞記事検索で確認できる限り、「ペットロス」という言葉が使われたもっとも古い記事は一九九六年七月一一日付の読売新聞の〈「ペットロス」かわいがっていた犬猫の死　症状深刻、克服に周囲の理解が重要〉と題した記事だ。リードにはこうある。

〈「三か月間も寝込んだ」「親の死よりショックだった」――。かわいがっていた犬や猫との別れが原因で、深刻な症状に陥る人が増えている。専門家が「ペットロス」と呼ぶ現象だが、これを乗り越えるには、獣医などによる適切なカウンセリングと、周囲の理解が欠かせない〉

記事では一〇年以上をともに過ごした二匹の犬を相次いで亡くした飼い主が、食欲不振で体重が八キロも減ったエピソードや日本獣医畜産大学（現・日本獣医生命科学大学）によりペットロスのシンポジウムが開催されたことを紹介し、今後、ペットロスが社会問題化する可能性を指摘している。最後は獣医師の資格をもつサイコセラピスト、吉田千史氏の「だれもがまずペットロスの存在を知り、これが正常な反応だと認識してほしい。飼い主もこれでかなり楽になるはず」というコメントで結んでいる。

ちょっと驚いたのは、二五年以上前の記事であるにもかかわらず、かなり的確にペットロスをめぐる問題をまとめており、今も通じる内容になっていることだ。裏を返すと、この記事から二五年以上が経った今も、実は状況があまり変わっていない――ペットロスに対する世間の理解はさほど進んでいない――ということも言えるのかもしれない。

では現在、日本において、どれくらい「ペットロス」という言葉は浸透しているのか。

ペット保険大手のアイペット損害保険株式会社が八九四人の男女を対象にインターネットで行った「ペットロスに関する調査」（二〇一七年）というものがある。

これによると、ペットロスという言葉について「聞いたことがある」という人は四八・七％、「聞いたことがあり、意味も知っている」という人は三一・三％と合わせて八割だが、それでも二〇・〇％の人は「聞いたことがなかった」と答えている。

このアンケートでは、具体的なペットロスの症状についても尋ねているが、それによると、ペットを亡くした際に何かしらの不調を感じた人の中で最も多かった症状は「突然悲しくなり、涙が止まらなくなった」というもので、実に六〇・三％（複数回答可）に達している。次いで「疲労感、虚脱感、無気力、めまい」が三二・六％、以下「食欲不振、過食」一三・二％、「眠れない」一二・〇％、「幻覚、幻聴、妄想」七・四％、「外出できなくなった」五・〇％となっている。また働いていた人の九・九％が、ペットを亡くした後で「仕事を休んだ」と回答している。

年間約三六万人の「ペットロス」予備軍

では、今現在、日本でどれくらいの人がペットロスで苦しんでいるのだろうか。

その実数を示す統計的調査は行われていないのだが、「ある程度まで推計することは可能です」と語るのは、ヤマザキ動物看護大学の木村祐哉准教授だ。

「まず今、日本で年間何頭ぐらいの犬や猫が亡くなっているのかというと、一般社団法人ペットフード協会が毎年発表している全国犬猫飼育実態調査の数字が参考になります」

この調査結果をもとに、毎年の犬猫の飼育頭数の増減と「新規飼育頭数」（新しく飼われた犬猫の頭数）の推移から年間の犬猫の死亡数がおおよそ割り出せるという。

「例えば、二〇一七年から二〇一八年にかけて、犬の新規飼育頭数は三六万頭ですが、犬の総数としては六万六〇〇〇頭減少しています。ということは、新規飼育頭数を上回る数の犬が亡くなっているわけで、単純に考えると、新規飼育頭数（三六万頭）と総数の減少分（六万六〇〇〇頭）を足した四二万六〇〇〇頭が亡くなっている（死亡数）と考えられるわけです。同じように猫についてみると、新規飼育数は三五万一〇〇〇頭で、総数の増減では一七万七〇〇〇頭の増加、となっています。だとすると前者から後者を引いた数字、一七万四〇〇〇頭が猫の死亡数と考えられます。合わせるとこの年は約六〇万頭の犬猫が死んだ計算になります。こうやって各年において算出した『犬猫の死亡数』を平均すると、年間で約八七万九五〇〇頭という数字になります。もちろん実際には、そんな単純な話ではないのですが、それでもひとつの目安にはなるかと思います」

仮に年間約八八万頭の犬猫が死亡しているとして、その飼い主たちの何割がペットロスに苦しんでいるのだろうか。

その参考になりそうなのが、同じく木村氏らによる二〇一六年の論文、「ペットロスに伴う死別反応から医師の介入を要する精神疾患を生じる飼主の割合」である。この論文では、動物火葬施設の利用者を対象に、ペットロスをテーマにした調査票による追跡調査を行っている。

具体的には、ペットを亡くした後で、「夜中に目を覚ますことはあるか」「死んだ方がましだと考えたことはあるか」といった精神の健康状態を測る二八の質問項目に対して、「まったくなかった・あまりなかった・あった・たびたびあった」という四段階で回答するというものだ。その結果、死別直後で五九・五％、二カ月後で五六・七％、四カ月後でも実に四〇・七％の人が深刻な精神状態にあり、「医師の介入を要する精神疾患」のリスク群と判定されている。

「調査当時のうつ病の診断基準（DSM-IV-TR）によると、親しい人物との死別から二カ月を過ぎてなお睡眠障害などの死別反応が継続する場合は、医学的な診断・治療を要する精神疾患の可能性が高いとされていました。ですから、四カ月後でも深刻な精神状態にあった四〇・七％の人は、人と動物との違いこそあれ、いわゆるうつ状態に陥っている可能性が高い、ということになります」

つまり、年間で約八八万頭の犬猫が死亡し、そのうち約四割の飼い主が深刻なペットロスに陥るとしたら――。

「ごくざっくりといえば、日本では年間で約三六万人がペットロスで苦しんでいる、という計算になります。もっとも二〇一六年の調査自体、調査対象の人数が少ないので、推定精度は落ちます。信頼区間を考えると、だいたい一九・七万人から五三・八万人くらいの幅はあると見た方がいいかもしれません」

「ペットロス」は病気ではない

ところで、日本医師会の機関紙では「ペットを失うこと」を「ペットロス」、「ペットロスのダメージによる精神的・身体的不調」を「ペットロス症候群（pet loss syndrome）」と区別しているが、木村氏によるとこの「ペットロス症候群」という言葉は、日本独自の呼称であるという。

「諸外国ではペットを亡くしたことによる悲嘆（グリーフ：grief）や死別反応（ベリーヴメント：bereavement reaction）などと表現します。興味深いのはキリスト教圏では、例えば予後が思わしくないペットに対しては安楽死処分が一般的で日本人からするとドライに思えるのですが、一方で『ペットを亡くした人が悲しむのは当たり前』ということが普通に浸透しています。日本では逆に『ペットが亡くなったくらいでそんなに悲しむなんて』という視線があるからこそ、『症候群』という言葉がついたのではないでしょうか。ペットを亡くした飼い主さんがよく『私、ペットロス症候群かしら』と深刻に悩まれているのに対して、我々は『ペットを亡くして悲しいのは当たり前ですよ』ということをお話しします。『ペットロス症候群』という言葉がメディアでとりあげられたことで、日本では見過ごされがちだった心理的反応にスポットが当たったのはよかったのですが、症候群という呼称によって、本来自然な心理的反応が何か異常なことのような印象を与えてしまっているのは、問題だと思います」

前出の濱野氏もこう語る。

「誤解してはいけないのは、ペットロスは病気ではないということです。大切な存在を失うという意味では、家族とか親しい友人を亡くすのと同じです。ただペットロスの場合、周囲の理解を得られにくい。ペットを亡くしてショック状態の人に対して、周囲が『ペットが死んだくらいで……』という反応を示すケースも少なくない。それどころか飼い主自身が『こんなに悲しむ自分はおかしいんじゃないか』と思ってしまうことさえあります」

　こうしたことから、ペットロスを「公認されていない悲嘆」にあたるという研究者もいる。

　実は濱野氏は、私がペットロスについて取材するにあたって最初に話を聞きたかった人物の一人だった。大学で獣医学、大学院で発達心理学を学び、人とペットの関係やペットへの愛着、ペットロス、ペット飼育が人に与える影響に関する研究を行ってきた濱野氏は、獣医でありながら、臨床心理士、公認心理師の資格を持つ。その経歴を活かして二〇一九年、帝京科学大学附属動物病院に「家族の心のケア科」を開設し、ペットロスに悩む元飼い主たちのカウンセリングを手掛けているからだ。大学附属の動物病院としては、極めて珍しい試みである。

ペットロス専門のカウンセリング現場

　ペットロスに向きあうカウンセリングとはどのようなものなのか。

下町風情溢れる東京都足立区千住、隅田川を望む帝京科学大学附属動物病院の一角に濱野氏の診察室「家族の心のケア科」はある。濱野氏のデスクと対面式のテーブルとイスがおかれた部屋の雰囲気は簡素ながらも開放的だ。

濱野氏は、ペットロスを専門とする外来を立ち上げた理由を次のように語る。

「『ペットを亡くした人は、その悲しみを誰に相談すればいいのか』というのが出発点なんです。サポートを受けたくても、誰に相談すればよいのか分からず苦慮している飼い主が確実に存在しています。本当は亡くなったペットのことを知っている獣医や愛玩動物看護師のサポートを受けられるといいのですが、ペットを亡くした後で飼い主だけで動物病院には行きにくいですよね。関係性が断たれてしまうわけです」

ペットの死そのものを「一次的喪失」、それに伴いペットの周囲の人間関係などを失うことを「二次的喪失」という。一次的喪失は避けることはできないが、二次的喪失は避けることができる。ここにペットロス克服のひとつの「カギ」がありそうだ。

「例えばアメリカの規模の大きい動物病院などでは、人間の心理や福祉の専門家が病院に常駐していて、ペットロスなどの問題を抱えている飼い主がいたら気軽に相談できる環境があるという話を聞いて、日本でもできたらいいなと思っていました」

濱野氏が所属する大学附属の動物病院であれば、将来の獣医や愛玩動物看護師への教育効果も期待できることから、「家族の心のケア科」をスタートさせたという。

「ペットを亡くした飼い主にとって、そのことを誰に話すか、という『ファーストコンタクト』がすごく大事なんです。ここで適切なサポートを受けられれば、問題が複雑化するケースはほとんどない。けれど実際には、犬仲間や猫仲間に話しても理解されなかったケースもあるし、自分のペットが亡くなった後では、かつてのペット仲間に会うのも辛いという人も少なくありません。そういう人たちが気軽に相談できる場になれれば、と思っています」

実際にこの場所を訪ねてくるクライアントは、藁にもすがる思いでやってくる。

「『自分はペットロスなんじゃないか』とか『こんなに悲しいなんて自分はおかしいんじゃないか』とか『このまま立ち直れなかったらどうしよう』と不安になって、インターネットでたくさん調べて、ようやくここにたどり着いた、という方がほとんどです。『ペットロス』という言葉が独り歩きして、何かものすごく重い病気なんじゃないか、と思ってらっしゃる方も少なくありません」

カウンセリングの内容は、基本的には通常の心療内科や精神科における臨床心理士のカウンセリングと変わらないという。

「初回面接では、クライアントが抱えている問題の背景を探ります。ここに来る人の場合、ペットを亡くしたことが問題の背景にあるという焦点はしぼりやすいとも言えます。とにかく相手の話を聞きながら、クライアントが今、どういう状態にあるのかを見極め、そのクライアントが『グリーフワーク』のどのプロセスにいるのかを探っていきます」

「グリーフワーク」とは耳慣れない言葉だが、直訳すれば「悲嘆の仕事」という意味になる。精神医学の世界では、自分にとって大切な存在を失った人は、ある程度共通する〝悲しみのプロセス〟を辿って回復へと向かうとされ、その一連の過程を「グリーフワーク」と呼んでいる。

グリーフワークはどのように進んでいくのか

「グリーフワーク」といえば、アメリカの精神科医、エリザベス・キューブラー・ロスが著書『死ぬ瞬間』において提唱した「死の受容過程（死にゆく過程の心理学的段階）」がよく知られている。これは、ガンなどで死期を目前にした患者が自らの死を受け入れる過程を五段階で示したもので、その内容は以下のようになる。

①否認――「自分が死ぬなんて嘘だ」と事実を否認し、周囲から孤立する段階。
②怒り――「どうして自分が死ななければならないのか」と怒りに囚われる段階。
③取引――何とか死から逃れようと神仏への祈りなどを通じて取引を試みる段階。
④抑うつ――死から逃れられないことを悟り、絶望や諦めで気分が落ち込む段階。
⑤受容――死を「誰にでも訪れる自然な現象」として納得し、受け入れた段階。

この「死の受容過程」モデルは、しばしばペットを亡くした飼い主の心理的段階を説明するのにも用いられる。例えば、インターネットで「ペットロス　克服」「ペットロスどうすれば」といったキーワードで検索してみれば、すぐに「キューブラー・ロス」の名前に行き当たるはずだ。

私自身、まさにミントを亡くした直後、そういったキーワードで検索し、この「死の受容過程」モデルを知ったわけだが、なるほどと思う一方で、どこか釈然としない思いが残ったのも事実だ。「自分の死」を受け入れていく段階的モデルを「ペットの死」に援用しているため、当然といえば当然のことだが、ペットを亡くした直後の自分の感情が、①から⑤のどの段階に当てはまるのか、正直、しっくりくるものがなかったのだ。仮に①の「否認」の状態だとしても、次に②の「怒り」の段階を経ないと、回復へのプロセスを進めないとなると、そのはるかな道のりにちょっと気が遠くなってしまった。

これは私ばかりではないようで、世界的ベストセラーとなった『ゾウがすすり泣くとき』など動物の感情世界に関する著作を多数発表しているジェフリー・M・マッソンは、こう書いている。

〈私は精神科医エリザベス・キューブラー・ロスが唱えた、人間が死を受容するまでの五段階説——否認と孤立、怒り、取引、抑うつ、受容——を特に支持してはいないが、これを動物の喪失体験に当てはめることにも違和感を覚える。そもそも私たちは通常、死を「否認」することもなければ、死に対して「怒り」の感情を抱くこともない。「取引」だってしない。「抑うつ」、これは「悲しむこと」の言い換えだろうか、それなら理解できる。そして「受容」だが、ほかに選択肢があるだろうか。この説のどこが優れているのか、私はどうにも首を傾げてしまう〉（ジェフリー・M・マッソン『ペットが死について知っていること——伴侶動物との別れをめぐる心の科学』より）

精神科医はペットロスの患者を診たがらない？

キューブラー・ロスのモデルについて濱野氏は次のように説明する。

「確かに一方向のみを捉えたキューブラー・ロスの段階モデルには批判もありますが、実際に医療や看護、獣医療の現場において、クライアントの悲哀の心の状況を簡潔に捉えて、それに対処するのにこのモデルが役立ってきたのも事実です。また、このモデルでいう『段階』は絶対的でも連続するものでもなく、どの段階をどのように経験するかは人それぞれで、このうちの一つの段階にはまり込み、ほかの四つの段階をほとんど経験しない人もいると考えられています」

近年では、一方向で段階的ではない「新たなモデル」が支持されているという。

例えばシュトレーベとシュットによる「死別への対処の二重過程モデル」（一九九九年）は、大事な対象を失った人は、日々の生活の中で、あるときは失った対象のことを思い悲嘆し、涙にくれる「喪失志向」に傾き、あるときは悲嘆から離れ、新たな生活や変化に取り組む「回復志向」に傾く。こうして二つの「志向」の間を行ったり来たりしながら、ゆるやかに回復していく、というものだ（Stroebe, M. S., Schut, H., "The dual process model of coping with bereavement"）。

「結局、ペットを失った悲しみが完全に消えることはありませんし、かといってずっと悲しみに塗りつぶされているわけでもない。時間がたてば、ペットとの楽しかった思い出を思い出すことも増えていく。そうやって悲嘆に向き合う時間と、悲しみを思い出に変えて回復していく時間を繰り返しながら、徐々にペットのいない生活に慣れていく。ですからカウンセリングにあたっても、例えばあるクライアントが悲しみにくれながらも、ペットとの楽しかった思い出も語っているようになったら、『グリーフワークが順調に進んでいるな』という判断基準になるわけです」（濱野氏）

ではペットロスに悩むクライアントをカウンセリングする上で、最も重要なことは何だろうか。

「それは、『クライアントの身の安全』ですね。ペットを失った悲しみのあまり、自分を傷つける恐れがないか、あるいは精神科の治療が必要かどうかを見極めます。ですからカウンセリングの過程で『精神科の受診が必要な場合もありますので、その場合は、精神科の病院を紹介します』と伝えることがあります」

そう言われて改めて気づいたが、ペットロスも精神医学でいう「対象喪失」の一種なのだとしたら、本来、精神科医であれば、誰でもカウンセリングはできるはずだ。

だが現状はそう簡単ではない。濱野氏は、こう語る。

「ただ、ペットロスに対しては、精神科医はペットロスを主訴として積極的に介入しない場合が多く、言い換えれば、ペットロスに関心を示さない精神科医もいるというのが正直なところです。またペットと聞いただけで飼い主さんによって、ペットの毛などがクリニックに持ち込まれて『ほかの患者さんへのアレルギーの影響があるのでは』と二の足を踏む人も少なくありません」

「ペットロス」を看板に掲げる精神科医

そんな中、クリニックのホームページに「ペットロス」の項目を掲げる日本でほぼ唯一の精神科医がいる。東京都世田谷区にある「あいわクリニック」の院長、横山章光医師である。横山氏は人間と動物との関わりに着目し、とくにアニマルセラピーについては、まだ日本ではその言葉がほとんど知られていなかった三〇年以上前から研究している第一人者でもある。以前、濱野氏と同じ帝京科学大学で教鞭をとっていたこともあり、私は濱野氏の紹介で横山氏に話を聞いた。

「ペットロスの本なんて、もうたくさん出ているのに、何を書くの？」

開口一番、横山氏はざっくばらんな口調でそう言った。濱野氏からは「能力も情熱もある先生ですが、ちょっと個性的ですよ」と聞かされていたが、なるほど、一筋縄ではいかないようだ。

「どうすればペットロスを乗り越えられるのか、この本では、なるべく具体的な方法を紹介していきたいんです」

何とかそう答えると、「そんな本もあるけどな」という顔をしながらも、一応は納得したようだ。

――なぜホームページに「ペットロス」という項目を掲げたんですか？

「それについては正直、掲げるか、かなり迷った。本来なら精神科医であれば、誰でもペットロスの患者さんを診るべきだからね。ただ現実はどうかといえば、診ない。ペットロスについて理解がないわけではないんだけど、ほとんどの精神科医は診ない。精神医学でいえば、『喪失反応』の中に入っているべきなんだろうけど、最新の教科書にも『ペットロス』についてはほとんど書かれてないからね。喪失反応の対象となるのはあくまで人間だけだから、ペットを亡くしたという患者さんは、あまりいい扱いを受けていない。だから私はあえて（ホームページに）ペットロスを入れたけど、本当は精神科医がペットロスを診るのが当たり前な世の中になって、この項目を消せるのが一番いい。『ペットロスの方は、ウチへ』というつもりは全くないんです」

横山氏は「ペットロス症候群」という言葉が人口に膾炙してしまったのもよくなかった、という。

「一般的に他の病気とは違う独特の原因なり症状があるから『症候群』と名付けるわけですが、ペットロスの場合は、精神医学でいう単なる『喪失反応』なんです。肉親や親しい友人を亡くしたときに起こる反応と変わらない。メンタルクリニックという場所は、何かに心から苦しんでいる人が来るわけで、精神科医は本来、その患者さんが喪失した対象が人間であるか、犬であるかは、関係なく診れないといけない。しかし実際には、精神科医のほとんどは『ペットロス』の治療に積極的とは言えません」

――喪失反応として考えた場合、近親者を亡くすのとペットを亡くすのとで違いはありますか？

「ペットロスに独特な要素はあります。ひとつは、たいていの場合、ペットは飼い主より先に死ぬという点。犬であれば寿命は一五年から二〇年だから、飼い始めたときには既に、飼い主が看取ることがわかっているとも言える。もう一点は、お子さんのいる家庭の場合、子どもが小さいうちから飼い始めるケースが多いので、そのペットを亡くしたときには、そのご家族がもっとも活き活きとしていた時代の思い出をごっそり失うような喪失感を味わうことになる。それから、近親者を亡くした場合と比べて、ペットの死は、その悲しみを周囲に話しにくいし、理解も得られにくい。ペットを亡くしたくらいでまだ悲しんでいるなんて、という周囲の反応に飼い主自身も『自分がおかしいのか』と思うようになって、引きこもってしまうので、ペットロスで苦しんでいる人の情報が表に出てきにくいという面はあると思います」

――中には、うつ状態になって自殺を考えるようなケースもあると聞きます。

「ただ、そういう場合はペットロスだけではなく、孤独な生活環境とか、経済状況とか、会社の人間関係とか、いろんな要素が複合的に合わさっていることが多い。絶対とは言わないけど、ペットロスだけで自殺を考えるほど深刻化することはまずないんじゃないか」

ペットの死は悲しんでもいい

――実際にこのクリニックを訪れる患者でペットロスに悩んでいる人の割合はどれくらいですか。

「それが意外に少ないんです。二〇〇人に一人ぐらいかな。来た人もほとんどは一回で終わる。こちらとしては、とにかくきちんと患者のいうことを傾聴することに尽きる。ほとんどの人は、ペットの死の悲しみを表す場がなくて、それが苦しいわけだから、こちらがきちんと傾聴すれば、それだけでかなり楽になる。稀にうつ状態になっている人の場合は、ペットロス以外の他の要因があるんじゃないか、と探るようにしていますね」

とにかく相手の話を聞く、傾聴する――これは前出の濱野氏も同じだった。

「だから本当は精神科医やカウンセラーでなくとも、他者に話すことでペットロスを乗り越えるきっかけは摑めるはず。注意すべきは、ペットに関わる人――獣医師や看護師、あるいはペット仲間――であっても、悲しみ方は人それぞれ違うということ。だから話をする人は、相手に自分の悲しみが伝わらない、とイラついてはいけないし、逆に話を聞く人は、すぐに『こうすれば』とか相手に指摘したり、原因を見つけようとせずに、ただ聞くことが大事です。私の場合、納得するまで患者さんに話してもらった後で、ある段階で『ペットのくれた楽しみと悲しみを比較すると、どっちが大きいですか？』と尋ねます。そうするとみんな『楽しみのほうが圧倒的に大きい』と気づく。ペットロスというのは、その楽しみと悲しみの天秤がおかしくなっている状態、とも言えます」

そうなのだ。私自身の経験からいっても、「天秤がおかしくなっている」ことには自分でも気づきながら、それを自分ではどうしようもできなかった。前出の濱野氏はこう語る。

「まずペットの死は『悲しんでもいいんだ』ということを知ってほしい。カギとなるのは周囲の支えで、これを『グリーフケア（喪失の悲しみに寄り添うサポート）』と言います。その提供者候補として、同じくペットを亡くした人や心の専門家のほか、家族や友人、動物病院の獣医師や愛玩動物看護師、ペット仲間などが挙げられますが、先ほども言った通り、現実にはペットを亡くすと、そのサークルから離れてしまうのが問題だと思います」

自分の悲しみをありのままに話せる相手を誰か見つけること。まずはそれが「ペットロス」を乗り越えていくための「最初のステップ」といえそうだ。

第2章

最初の〝備え〟は
「よきホームドクター」

HIROHATA YUKICHI

「私はよく獣医の皆さんに、ペットが亡くなった後でも『病院においでください』と言える動物病院であってほしい、とお願いするんです」

そう語るのは「動物医療グリーフケアアドバイザー」として、全国の動物病院の医療関係者を対象にグリーフケアの講習などを行っている阿部美奈子氏だ。獣医師でもある阿部氏は、ペットを亡くした人が最初にその悲しみを打ち明ける第一候補者として、そのペットが最後にかかっていた動物病院の獣医師や愛玩動物看護師が理想的、と話す。

「飼い主さんに亡くなったペットを病院に連れて来てもらって、獣医師や看護師が『待ってたよ』と声をかけて優しくブラッシングをしながら、綺麗にしていく。それだけでも飼い主さんはだいぶ救われます。ただ現実には、そこまでやっている動物病院は多いとは言えないし、中にはグリーフケアについてほとんど勉強していない獣医さんもいます」

ほとんどの場合、ペットが亡くなる直前は、動物病院に通い詰めることになる。私自身も経験したが、この段階から「本当にこの子がこのまま亡くなっちゃったら、自分はどうなっちゃうんだろう」とペットロスの予兆を明確に感じるようになる。

「それを『予期グリーフ』と言います。これはペットと暮らす限り、常に付きまとうもの。それでもペットが元気なうちは、彼らが幸せそうに生きている姿を見るだけで『ああ、大丈夫だ』と飼い主も自然と癒されます。つまりペットによってグリーフケアされるんですね。ところがペットが病気になったりすると、ペットからのグリーフケアが受けられなくなり、予期グリーフがどんどん大きくなってしまう。これを一人で抱えてしまうと〝沈没〟してしまいます。だからホームドクターの存在が重要になってくるんです」

よきホームドクターを見つけることは、ペットが生きているうちにできるペットロスに対する最初の〝備え〟と言えるだろう。

ペットを「病気ちゃん」にしてはいけない

では、その「よきホームドクター」をどうやって見つければいいのだろうか。

「もっとも重要なことは、その動物病院に飼い主さんとペットのグリーフをキャッチしてくれる人がいるかどうか。獣医師はもちろん、看護師でも受付係でもいいので、〝この人は本当に動物が好きなんだな〟という人材がいれば、その動物病院は単に病気を診てもらうだけではなく、生きるパワーをもらえる場所になります。逆に、病気は診るけど、飼い主さんやペットの心の状態には気付かないようなドクターは避けるべきだと思います」

獣医がペットの病気しか診ていないと、飼い主もそれに引きずられるようになる。

「飼い主さんにとって、その子は『〇〇ちゃん』という唯一無二の存在であるはずなのに、いったん病気のレッテルが貼られると、飼い主さんの中で知らぬ間に『病気ちゃん』へとすり替わってしまうことが非常に多いんです。そうなると、とにかく病気を治すために、点滴してあげなきゃ、嫌がっても薬をあげなきゃ、ごはんをあげなきゃと獣医の指示を守るのに必死になって、その子が本当に望んでいることとからかけ離れたことばかりしてしまう。いつしか飼い主さんから笑顔が消え、そのネガティブな空気は、その子にも必ず伝わります。するとペットは『自分が何か悪いことをしているのではないか』と考えて、落ちこみます。これは飼い主さんとペットの双方にとって不幸な状態ですよね」

　言うまでもないことだが、ペット自身は身体の不調は感じていても、病名や治療方針などは知るはずもない。これまでできたことができなくなり、客観的には死へと向かっていても、それを受け入れながら、最期の瞬間までまっすぐポジティブに生きていく。

「ペットにとって飼い主さんと暮らす家（ホーム）は、安心してリラックスした日常を送ることができる場所なんです。ですから特に終末期における治療は、その変わらない日常を送るために妨げになるもの、痛みだったり、不快感とかを鎮痛剤や鎮静剤でとってあげるだけでいい。ホームでぐっすり寝れるようにしてあげることが一番大事なんです」

ペットロスが重くなりやすい人

飼い主の中には終末期にさしかかったペットを「点滴も投薬も、家では何もしてあげられないから」と言って、ずっと動物病院に入院させておく人もいる。だが、これはペットのことを考えているようでいて、その子が本当に望んでいること――住み慣れたホームで飼い主と一緒に穏やかに過ごす――からは外れてしまっていると言わざるを得ない。

「実は『飼い主としての責任感が強い人』ほど、ペットロスは重くなりやすい傾向があります。獣医に指示されたことを一〇〇パーセント実行しようと頑張っちゃう人ですね。もちろんすべては病気を治すためではあるのですが、どんなに頑張っても死は避けられません。そしてその子を亡くした後で蘇ってくる記憶が、その子の最期の苦しそうな光景――嫌がるのを押さえつけて点滴したとか、苦しそうだったのに無理やりご飯を食べさせたとか――ばかりだったというケースが少なくありません。『この病院を選んだのも治療を選んだのも自分だ。もっとこの子のことを考えてあげればよかった』と考えてしまい、さらにペットロスが長期化してしまうんです。ペットが本当に望んでいることを、コミュニケーションの中で引き出せるのは、飼い主さんだけ。獣医ではなく、自分こそがその子の世界一の理解者であることを忘れてはいけません」

それをサポートするのが、いいホームドクターの条件ということになる。

「いいドクターは、治療後にホームに戻ったその子が快適に過ごせているかどうかを一緒に考えてくれます。ともすると『病気ちゃん』目線に陥りがちな飼い主さんをそれとなく、本来あるべき『○○ちゃん』の目線に戻してあげる。飼い主さんにとっては、ドクターの指示で食事や投薬などを変えたとき、もしペットが嫌がったり抵抗したりするようなら、すぐに病院に戻って相談できるような関係性をドクターと築くことが大事です」

動物医療のプロでもペットロスになる

阿部氏は、動物医療の関係者を対象に定期的にグリーフケアのセミナーを開いており、コロナ禍にあってもＺｏｏｍなどを使って活発に活動している。

ある日、私も阿部氏に誘われてそうしたセミナーに参加したが、印象的だったのは、動物医療のプロである獣医や看護師であっても、自身のペットの〝エンディング〟をどう迎えるか、という悩みは一般の飼い主とまったく同じという点だ。むしろ医療者ゆえに、治療と看取りの線引きは、一般の人より難しいとも言えるかもしれない。

このセミナーで、とりわけ強く印象に残ったのは、アニウェル動物病院（大阪府）の愛玩動物看護師、井上嗣美さんが発表した自身の愛犬の「看取り」体験談だった。

一七歳と高齢ながら、まだまだ元気だった井上さんの愛犬マルチーズの「ニコ」に異変が生じたのは、二〇一九年八月上旬のこと。病院では急性腎臓病と診断され、「お盆を越えるのは難しい状況」と言われた。それを聞いて井上さんは、自宅でできる最大限のことをすると決心。自宅で過ごすニコのもとには、井上さんの両親や兄夫婦、友人などが頻繁に訪ねてくるようになり、するとニコは、日に日に元気になっていった。

「お別れを覚悟するためのこころの準備期間をプレゼントしてくれたんだな」と思ったという井上さんは、こう語った。

「ニコの介護や看病を通じて、周りの人を頼ること、支えてもらうことも大切なグリーフケアなんだと感じました。一人で抱え込むのではなく、喜びも悲しみも分け合える環境を作ることで自身の情緒も安定していったように思います」

奇跡的にお盆を越えたニコだったが、九月末頃になると急に呼吸が荒くなり肺高血圧症と診断され、「予後不良」を告げられた。

いよいよ最終章（エンディング）だ、と感じた井上さんは、自宅に酸素室や点滴を看取りに向けて準備し、家族や友人の協力を仰いで、常にニコのそばに誰かがいるという万全の態勢で臨んだ。その甲斐あって、ニコは穏やかに過ごしていたが、やがて夜鳴きや徘徊を繰り返すようになり、井上さんも夫も寝不足が続くようになっていた。そんな状況を阿部氏に相談すると、阿部氏はこうアドバイスを送ったという。

「点滴や酸素の管で行動が制限されていることが落ち着かない原因かも。思い切って治療をやめてみるのもひとつの選択肢。やめる勇気も必要だよ」

この言葉を受けて、井上さんは早速、経口投薬以外の静脈点滴と酸素ホースでの酸素吸入をやめたという。するとその晩、ニコは久しぶりに穏やかな寝息を立てて寝てくれた。

亡くなる前日。ニコはリードで補助されながらも、自分の足で立って排泄した。当時の容態から考えると立ち上がるのは、ほぼ奇跡に近かったが、それでも「自分の足で立ちたい」と望んだのだ。井上さんがそのときの動画を流すと、セミナーの聴衆の間にすすり泣く声が広がっていった。それはこれから亡くなっていく犬の姿への同情というよりは、最期までまっすぐ生きていくその姿勢に心を打たれた涙だったように思う。

そして翌一〇月二五日、ニコは一七歳七カ月の生涯を閉じた。最期はかすれた声で一声鳴き、井上さんが抱きかかえると、その腕の中で息を引き取った。葬儀はそれから一週間後に行うことに決め、その間、家族や友人がお別れに訪れ、一緒に写真を撮り、ニコの手形や足形も大事に保存したという。井上さんは、この体験談をこう結んだ。

「ニコと一緒に生きた一七年と七カ月は、長いようであっという間でした。どんなにしんどくてもご飯を食べて私たちを安心させてくれた優しいニコ。亡くなる前日まで排泄や飲水をしてくれたまっすぐ前向きな強いニコ。ちょっぴり頑固で甘えん坊のニコ。いろんな姿のニコに心を支えられていたと実感しました。もう触れることはできないけれど、ニコのやわらかくてあたたかくてフワフワした感覚や、私に向けてくれたたくさんの眼差しと愛情は永遠のお守りになりました。ずっと大好きだよ、と伝えています」

毎月二五日は、「ニコの日」として祭壇には、普段より豪華なお供え物が並ぶという。

最期の交流の時間が一番大事

阿部氏は井上さんの看取りを、理想的なハッピーエンディングと評価する。

「実は最期の交流の時間がすごく大事なんです。悲しむのは早い。まだ一緒に過ごせるんです。『出会えて嬉しかったよ』『こんな意味であなたの名前をつけたんだよ』と言葉をかけて、長年の感謝の気持ちを伝える時間。ニコちゃんの場合、井上さんが勇気を持って治療をやめて穏やかな時間を作ったことで、その感謝をしっかりと受け取ることができたと思います。ニコちゃんもまた自分の足で立って排泄することで、最期までまっすぐ生きるよ、という姿を井上さんたちに見せてくれました。お互いが最後にプレゼントを交換する。医療者として、グリーフケアを自らがしっかりと実践してきた井上さんだからできた看取りだと思います」

この最期の時間を病気の治療のことだけ考えながら過ごしてしまうと、その後に訪れる「ペットロス」からの回復は、難しくなるという。

「ペットを亡くすことがものすごい大きな喪失であることは、みんな同じです。ただ、亡くなった後に、それまでその子と過ごしてきた幸福な記憶とか、笑える瞬間を思い出せないと、かなり辛いことになります。ペットロスにおいては、ちゃんと悲しむことが大事なんですが、笑顔が消えると悲しむエネルギーもなくなっちゃうんですね。だから最期の交流の時間で、その子と出会ったころから振り返って、その子からたくさんもらった思い出を一緒に振り返ることが大事なんです。幸福な記憶と喪失の悲しみが共存するペットロスであれば、日々、泣いたり笑ったり、ありのままの気持ちに正直にしていると、だんだんとグリーフは回復していくんです」

つまりペットロスはペットが亡くなってから始まるのではない。ペットが亡くなる直前の時間から始まっているのだ。〝本当にこの子が逝ってしまったらどうしたらいいのか〟という絶望と、〝もしかしたらもうあと少しだけ一緒にいてくれるかも〟という希望との間を目まぐるしく揺れ動く時間をどう過ごすかが、非常に重要になってくる。

「そうなんです。長年、こういう仕事をやってきて改めて思うのは、『亡くなってからじゃないよね』ということなんです。ペットが生きている間の時間をどう過ごすかがすごく大事。極端に言うと、その時間の過ごし方によって、ペットロスからの立ち直りにかかる時間が変わってくるんです。痛みさえなければ、ペットは自分のペースで好きなものを食べて、動いて、好きな場所で寝ます。その幸せそうな姿が、ペットが亡くなった後、飼い主に『回復のエネルギー』を与えてくれるんです」

終末期こそ獣医師の言いなりになるのではなく、違和感を感じたらセカンドオピニオンを求めたり、思い切って病院を変える勇気も必要なのかもしれない。

「大事なことは最期の瞬間まで病気や死ではなく、ペットと向き合うことだと思います」

ペットロスとは何かを考えるうえで、この阿部氏の言葉が重要な意味をもつことに、私はこの後の取材を通して気づいていくことになる。

第3章

実録・私のペットロス

HIROHATA YUKICHI

ペットとの「別れ」の前には、必ず「出会い」がある。

「ペットロス」という言葉は、ペットとその飼い主が紡いできた「物語」の最期の一場面だけを切り取っているわけだが、その本当の意味を理解するためには、出会いから別れに至るまでの物語そのものを読む必要がある。

飼い主とペットが全力で生きたそれぞれの物語すべてを聞かせてもらうことは不可能でも、何とかその一端に触れることはできないか――そう考えた末に行き着いた方法が「ペットを亡くした飼い主へのアンケート」を行うことだった。

とはいえ、こうしたアンケートに答えることはペットを亡くした飼い主にとっては、古傷を抉られるに等しい。「そんな苦行を見ず知らずの人にまで強いる権利があるのか」と言われると返す言葉もないのだが、それでも結果的に四五人の方々から真摯な回答をお寄せいただいた。自らの悲しみと向き合って絞り出された言葉の重さに何度も息を呑んだ。

その詳細な内容については後ほど紹介させていただくが、まずは、アンケートの質問項目に、私自身が一人のペットロス経験者として答えた回答を以下に掲げる。ペットロスはどうやって生じるのか、その「実録」として参考にしていただけると幸いだ。

質問①——亡くなったペットの種類・性別、名前、亡くなったときの年齢を教えてください。

【種類】犬（ミックス）・オス　【名前】ミント　【亡くなったときの年齢】一九歳五カ月

質問②——その子との出会いと名前の由来を教えてください。

妻の実家でミントの前に飼っていた犬（ペロ）が高齢になったとき、「ペロに似た犬が秋田の親戚の家で生まれた」と散歩仲間から聞き、まだ生まれたばかりの仔犬だったミントを妻と迎えに行きました。段ボールに入れて東北新幹線と山手線を乗り継いで、秋田から新宿までの「大冒険」でした。仔犬が生まれた家がハーブなどを扱う雑貨屋さんだったことから、ミントと名付けました。

質問③——その子はあなたにとってどんな存在でしたか。

その後、ミントは妻の実家で飼われていました。自分にとっては「ミントに会える」というのが妻の実家にいく最大の楽しみでした。その後、事情があって一二歳になってから、わが家で引き取ることになりました。白と黒で「牛柄」のミントはとても穏やかな性格で、生涯で吠えたことは片手で数えるほどしかありません。常に家族の様子を観察して、寂しいときや疲れたときには、ひっそり寄りそってくれる存在でした。どんなに疲れていても、家に帰ればミントに会えるというだけで、それはもう幸せな毎日でした。

質問④——今でも思い出すその子との思い出やエピソードを教えてください。

食い意地が張っているほうではなかったので、たまに目を「ひん剝いて」がっついていた食べ物をみるとミントを思い出します。鹿児島の安納芋や北海道の「養老牛放牧牛乳」、それからうどんや蕎麦などの麺類は大好物で器用にツルツルと食べていました。

あとは、高齢になってからもキャンプや海水浴など遠出のドライブにつきあってくれた姿を思い出します。かなり我慢してくれていたのだと思いますが、それでもついた先で森や海を「トットコ」と勝手知ったる様子で散歩していたシーンが浮かびます。あるときには、遠出した先で、腫瘍が破れてしまい、慌てて病院を探して緊急外科手術を受けることになりました。幸い、偶然見つけた動物病院の先生の腕がよく、一命をとりとめて、それから三年も長生きしてくれました。病院から「成功しました」と連絡をうけて、病院に会いにいったとき、ケージの中でシッポを振っていた姿は忘れられません。

また亡くなる一年前、私が会社をやめて札幌に移住することになり、当時一八歳になっていたミントと妻と三人で、大洗と苫小牧を結ぶフェリーに乗ったときのことも印象深いです。ネットでの予約競争の末、ようやく獲得した「ペットと泊まれる部屋」ではありましたが、年齢が年齢だけに心配でした。それでも乗ってしばらくするとスヤスヤと我々よりも上手に眠りにつき、一八時間の長旅の末、降り立った北海道の地。苫小牧からさらに一時間半車に乗って、札幌に到着。新居近くの円山公園をトコトコ歩いたときは、まるで「ここが約束の地」と知っているような足取りで、感動しました。真夏に猛暑の東京から北国に移り住んだことで寿命が延びたと思っていますが、それもこれもすべてミントが差配してくれたことのような気が、今はしています。

質問⑤――その子が亡くなったときの状況はどのようなものだったのでしょうか。お答えいただける範囲でお答えいただけると幸いです。

質問⑥――その子を亡くした後で、ご自身に起こった感情の反応について教えてください。

質問⑦――ペットを亡くしたショックからどのように立ち直りましたか。衝撃を癒すうえで役に立った具体的な方法があれば、ぜひ教えてください。

質問⑧――今、ペットを飼っている人たちに伝えたいアドバイスなどがございましたら、ぜひ教えてください。

この質問⑤から質問⑧がまさに「ペットロス」の実態に触れる質問となるが、私の回答は当時の日記の記述とともに、以下にまとめる形で紹介したい。ペットを亡くした飼い主の心理にリアルタイムでどんな変化が起きていたかを、なるべく具体的に追っておきたいからだ。

私自身に起きた「ペットロス」の実態

まずは質問⑤に関わるミントが亡くなる前後の状況は以下のようなものだった。

私自身はミントが亡くなるほぼ一年前に編集者として勤めていた文藝春秋を退社して、フリーランスのライターとなっていた。そして夏場が辛くなってきたミントのことも考えて、涼しい札幌で暮らそうと思い立ち、北海道に移住したことは、アンケートで書いた通りだ。

亡くなる一年ほど前からミントは「てんかん」の発作を起こすようになり、その頻度は一カ月に一度だったのが、やがて一カ月に二度、ついには一週間に一度と、どんどん増えていった。私にとって幸いだったのは、会社を辞めたことで比較的自分の自由になる時間が増え、ミントの世話に注力できる態勢が整っていたことだ。

北海道に渡ってからのミントは涼しい夏の気候がよかったのか、車いすやバギーのお世話になりながらも、思いの外、元気に過ごしていた。初めて経験する北海道の冬を乗り切って迎えた二〇二〇年、雪が溶けて新緑が眩しい季節になると、体重もちょっと増えた。「これならあと一年は生きてくれるかも」と思い始めた矢先のことだった。以下、日記より。

〈五月二日　ミントの様子がちょっと心配。この二日ほどあまり食が進まず、今朝の散歩もあまり歩けず。その後は、夜までずっと寝ていた。いつまでも元気でいられないのはわかっているけど、そして急に起こったことでもないけれど、それでもどうしても、あと少し頑張ってほしい。あと少し、を自分たちでは決められないのが問題なのだけど〉

これが日記に最初に記された異変だった。この四日後にミントは亡くなることになるのだが、翌日の日記はこう続く。

〈五月三日　ミントは今日もごはん食べられず、朝に二回下痢。昼に何とか散歩につれだした後は、ずっと寝ていた。最悪の場合も想定しつつ、それでも夕方から夜にかけて少し意識がはっきりしてくる。何か食べたそうなそぶりを見せるようになっただけ、少し回復したのかもしれない。もちろん大きな流れのなかで準備の段階に入っている可能性は否めないのだけれど。夜、あき（妻）が、かなり動揺しながらも、自分なりに踏ん張ってくれているのが救いか〉

〈五月四日　今日もミントはごはんを食べられない。朝、（てんかんの）発作があったが、発作までもがいつもよりも弱々しい……散歩にも一応でたものの、足腰がたたない。それでも（バギーで）外に出ると、首を持ち上げて、地面を見ているから、楽しいというよりは、一種の使命感で頑張っているようにも見える。いろんな兆候が示していることは、かなり明白なような気もするが、それでも奇跡を願わずにはいられない。ゼリーを食べた、水を飲んだ、ヤクルトを飲んだ、そんなことを積み重ねて、缶詰を食べることができるかも、と、まだ考えている自分がいる。とにかく穏やかな最期であってほしい、ということだけを考えている〉

　こうして振り返ってみると最初の兆候が出た五月二日以前から、ほとんど何も口にできなくなっていたわけだが、世間はちょうどゴールデンウィークで動物病院も休院していたこともあり、ことさらに深刻には捉えないようにしていたのを思い出す。それでも四日の時点では、〈とにかく穏やかな最期であってほしい〉という言葉で「その時」が迫っていることを認めざるをえなくなっている。

そして迎えた「その時」

〈五月五日　ミントは、朝、昼、晩と発作が三回。基本線は厳しい。けれど、夜になって、あきが背中のコブを冷やすことを思いついてからは、とてもリラックスして、呼吸も落ち着いた。とにかくミント本人が頑張っているのだから、我々は覚悟だけはしながらも、一緒に本当の最後まで頑張ろうという気になった。明日は、獣医があくので、そこで何か打開策をみつけたい〉

　最晩年のミントの背中には、コブがあった。獣医師によると、いわゆる脂肪の塊でガンではなかったのだが、邪魔には違いない。そのコブが熱をもっているように感じたので、妻が保冷剤をタオルで巻いて、冷やしたところ、穏やかに寝息を立て始めた。

　これが死の前日。そして五月六日、「その時」を迎える。

〈五月六日　遠くない将来に、こう書く日が来るだろうとはわかりきっていたけど、今日だとは思わなかった。今日、一四時四二分、ミントが旅立った。間抜けなことに、それまでずっと家にいたのに、その前後三〇分だけ、家を出て、最期を看取ることはできなかった。病院に薬をもらいにいくためとはいえ、その瞬間にミントとあきと一緒にいられなかったことは、無念だ。ミントなりの考えがあって選んだタイミングだと納得させるしかない。

　昨晩からの経緯としては、夜中に一度発作、明け方にもう一回、と起きてからは、ほぼ一時間から二時間おきに五分弱の発作が続く。相変わらず流動食はもちろん、水もほとんど自発的にはのめない。それでも、発作以外の時間は、実におだやかに寝ているように見えるのだ。だから油断して出かけてしまったわけだが……

　それにしても、その旅立ち方をみるに、凄い犬だという感想しかない。徐々にごはんを断ち、水を断ち、我々二人に覚悟を決めさせながら、最期も苦しむことなく逝ったのだ。今、リビングで横たわっているのをみると、寝ているようにしかみえない。写真に撮った時、初めて、魂が抜けていることに気づく。それでもやはり、ミントはまだ一緒にこの空間にいるのだ。我々二人が大丈夫か、取り乱しすぎていないか、きっと見守っているのだ。

そういうヤツなのだ〉

この日のことは本書のプロローグとも重複するが、私は最期の瞬間を見ていない。妻によると、私が出かけた後、ミントは穏やかに眠っていたので、妻はその近くで趣味の絵を描いていたそうだ。ふと気が付くとミントの呼吸が荒くなっており、そのままてんかんの発作——最後の発作——が起きる。「ミント！」と必死で呼びかける妻の手に抱かれて、やがて眠るように息を引き取ったという。

スーパーから慌てて家に戻った私は、ひとしきり泣いた後、さっき薬をもらってきたばかりの動物病院に電話し、「今、亡くなってしまいました」と伝え、火葬業者を紹介してもらった。その業者に早速連絡し、火葬の日取りを翌日に決めた。今思えば、そんなに慌てずに、ゆっくりと最期の別れの時を過ごせばよかったとも思うが、当時は「とにかく早く、ちゃんと送らないと」ということで頭が一杯だった。

亡骸をバギーに乗せて

〈五月七日　昨晩は、動かなくなったミントを間に挟んで、川の字になって三人で寝た。背中も足も、生きているときと変わらない滑らかさと柔らかさの中に、カチンと死の手触りもある。穏やかな気持ちで眠りについて、三時過ぎに二人とも目覚めた。ミントだけ目覚めない。それでも、そこにいてくれることがうれしくて、もう触れないのだ、と思いながら、一心に撫でる。二度寝。

　九時にあきが遺影用の写真をコンビニでプリントしに。その間、ミントと二人になり、撫でていると、涙がとめどなく出て、声が出る。あきが帰ってきてから、ミントをバギーに乗せて円山公園へ。カツラの木のところへいくと、ニリンソウとオオウバユリの葉、それから綺麗な鳥の羽を、山がくれた。やっぱりミントはすごい。花を買い、一一時半、北海道動物霊園の澄川火葬場。

　里山に囲まれた、生きていたらミントが気に入るであろう火葬場だった。火葬炉に吸い込まれていくミントの姿はたまらないものがあったが、「大丈夫だから」と言ってくれているようで、何とか我慢できた。外でおにぎりを食べている間にウグイスの声。ウグイスの啼くような場所が好きだった。

　お骨上げ。立派な骨だった。歯もしっかりのこっていた。爪が残っているのがたまらなかった。それでも思ったよりも取り乱さずに拾えたと思う。

　ミントの骨壺と帰宅。バギーや車のドッグシートをしまう作業がやはりこたえる。ほど

ほどにしてきりあげて、昼寝。あきは、号泣。どうしてあげることもできない〉

そして翌日、私が「これがペットロスなのか」と初めて自覚する〝カブ事件〟が起きる。アンケートでいえば、質問⑥の「ペットを亡くした後に起こった感情の反応」に当たる部分だ。

〈五月八日　ありふれた話だが、何気ない拍子にミントの様子を確認しようとしたりする自分に愕然とする。もういないのか、と。ミントが生きていたころにミントのために買ったプリンをみて、切なくなる。バギーや食器を整理しようと考えるだけで、涙がこみあげてくる。そういうものだと知っていても、やっぱり「来る」のだ。

今日は、夕食のとき、冷蔵庫からあきが、カブを取り出して「こんなの買ったっけ？」と言っただけで、しゃくりあげるほど泣いてしまった。四四歳のおっさんが奇妙な泣き方をする滑稽さに自分で笑ってしまった。この北海道産のカブ二九八円や、今日自分たちで食べたラム肉を買っている間に、ミントは逝ってしまったのだ。（看病の）長期戦に備えるつもりだったが、まるっきり裏目に出た。「万が一のことがあっても、ミントは待っててくれる」という根拠のない自信があったのも確かだ。

外に出て自然に触れていると、かなり心が癒されることがわかった。今日は「ホーマック」（ホームセンター）で買い物をしたあとで、「フィノッキオ」（スーパー）でお弁当を買って、旭山記念公園までウォーキング。坂がキツかったが、何とか到着。風の吹き抜ける高台で札幌の街を一望する。二人でミントの話をするたびに、風がさっと吹き抜けるのが、まるで返事をしてくれているみたいで、そんなことがうれしかった。
夕方、千駄ヶ谷のワインショップ「G」のKさん夫妻から、お花が届けられた。「ミント君のこと、忘れないよ！」という花に添えられたメッセージには号泣させられた〉
ペットロスにおける花の効用については後述するが、そのことに気づかせてくれたのがこのKさん夫妻から届いた花だった。

とにかくひたすら歩き回った

〈五月九日　一緒に歩いた道を歩いてもペットロスは意外なほど襲ってこない。ただただいとおしく懐かしいだけ。いけないのは、思い出より、ブツそのものだ。ごはんのお皿とか、好物だったスーパーの焼き芋とか、不意に目につくといけない。これは確かにかつて経験したことのない衝撃だ〉
〈五月一〇日　ランチのパスタをゆでていたあきに異変。昨日、自分も経験したが、ミントの気配を感じながら、キッチンに立つのが常だったから、実は不在を一番感じてしまう瞬間なのかもしれない。あきは、そのまま泣きながら、昼寝。目覚めると、のびのびになっていた家庭菜園の植え替えにとりかかる。ネギ、ズッキーニ、トウガラシ、バジル、ローズマリー、シソなどなど。土をいじっていると、確かに少し痛みは和らぐ〉

興味深いことに、ペットロスの悲しみが襲ってくる瞬間は、夫婦で違っていた。片方が悲しみにくれているときは、もう片方が比較的安定していることが多く、二人して悲しみの底に沈み込んでしまう事態にはならなかった。それぞれにロスを引き起こすトリガーになるものが違うのかもしれない。私の場合は、具体的にミントとの生活を思い出すモノが目に入ると「来る」ことが多かった。

〈五月一八日　あきとひたすら歩く。一日のうちでミントのことを考えない時間のほうが少ないかもしれない。考えていないときでさえ、皮膚が勝手にミントの気配を探り、不在を胸に伝えてくるのだ。夕方になると、あきが弱ってしまう。夜はさらにきつそうだ。ずっと一緒にいれないからこそ、一緒にいた時間が宝物となるのだ、と頭ではわかっていても、一度手にしたものを失うのは、やはり耐え難いことだ〉

ミントの「不在」は、思わぬところで顔を出す。例えば、ミントはいつも私と妻の布団をくっつけた間に丸まって寝ていた。ミントの死後、ある朝、二つの布団の間に大きな隙間があいていることに気づいた。今まではミントが「重し」になっていたから、二つの布団が動かずに朝までくっついていたのだ。てんでバラバラな二つの布団を見て、妻と二人でちょっと笑ってしまった。ミント、頑張って重しになっていたんだなあ、と思うと悲しくもあったが、やっぱり可笑しみの方がちょっと勝ったのである。

カラスとの不思議な交流

この頃、今思い出しても、ちょっと不思議なことがあった。ミントをバギーに乗せて、よく歩いた場所に、自宅近くの円山公園の原始林がある。

原始林の名の通り、開拓時代から保護されてきた樹齢一〇〇年を超える大木がそこかしこに残された緑濃い森のなかでも、ちょっと開けた場所に聳《そび》えるカツラの大木がミントと我々のお気に入りの場所だった。ミントの死後も、自然そちらに足が向くことが多かったが、ふと気がつくとその木のそばにいつも一羽のカラスが止まっていることに気づいた。鳴くわけでもなく、じっとこちらを見守っている。はじめは偶然かとも思ったが、そこに我々が現れると、どこからともなく飛んできて、同じ木に止まるのだ。

おそらく、ミントが死んだ直後に、ミントが遺した犬用のオヤツをお供えのつもりでカツラの枝に置いていったのを見ていたのだと思う。それからというもの、そのカラスに密かに「クロちゃん」と名付け、しばしば会いにいった。なんとなくそのカラスにミントの魂が一時的に宿っているような気がして、その姿を見かけると、温かい気持ちになった。

クロちゃんとのささやかな交流はしばらく続いたが、ミントが亡くなってから一カ月ほどが過ぎた頃、忽然といなくなった。「ああ、ミントが心配して、見にきてくれてたんだな」と二人で勝手に納得したものだ。

そしてこの頃から、ミントの死を少し客観的に捉えることができるようになってくる。

〈六月八日　夕方になるとミントのことを思い出して泣いてしまう。それでもミントはいろんなタイミングを見計らって、一番いい時期を選んで、一番我々にダメージが少ないときを見計らって逝ってくれたと思わざるをえない。これ以上遅いと、三人とも共倒れ、つまり新しい生活に踏み出せぬまま、ズルズルと「籠城」することになっていたと思う〉

〈七月四日　今日の散歩の目的地は、バスクチーズケーキの店。思えばミントが最後に目をまん丸にして、堪能したのは、このチーズケーキだった。ミントのリクエストだったのか、今日はそういう日だった。思い出は辛いものかと思っていたけど、そのときの染み出るような幸福な気持ちの残り香が微かに香るようで、それはそれで胸は温かくもあり、寂しくもあり。でも、イヤな気分ではない。まだ二カ月というのが信じられないくらい、静かな激動の日々〉

とにかく妻と二人で時間があればひたすら歩いた。歩いている間は、不思議と涙が出てくるようなことはなかった。公園の緑や札幌近郊の山々の新緑に触れると、少し元気が出るのも確かだった。私の場合、これが質問⑦「衝撃を癒すうえで役に立った具体的な方法」ということになる。

何よりミントの最晩年は、長時間留守番させることは難しかったから、こうして二人で帰りの時間を気にせず、外で過ごせるのは久しぶりのことだった。「ああ、もう帰りの時間を気にしなくていいんだ」と思うと、やはり一抹の寂しさはあるのだが、それでもふらりと目についた店に入ってお茶をしたりランチをしたりという気ままな時間を過ごしていると、「これはミントからの贈り物だな」という気分にもなれた。

〈七月一九日　思えば昨年の今日、我々三人は北海道に降り立った。それから一年後の今日、ミントがいないということは、当時はまったく想像していなかったけど、それでもミントがつけてくれた道筋に沿ってあるいているという思いがあるから、晴れやかな気持ち

ではある〉

ミントからのメッセージ

この項を書くべきか迷ったのだが、実際に悲しみが癒された話として書いておく。

動物とコミュニケーションできる「アニマルコミュニケーター」（以下AC）と称される人たちがいる。このACの力を借りれば、自分のペットとコミュニケーション（アニマルコミュニケーション）して、彼らからの「メッセージ」を受け取ることができるとされている。こう書くといかにも怪しく聞こえるが、ペットと暮らしたことがある人であれば、動物たちがテレパシーとしかいいようのない不思議なコミュニケーション能力を持っているのでは、と感じた経験があるはずだ。だから私自身は、アニマルコミュニケーションについても、「そういうことはあるだろうな」というスタンスだった。

そんな折、友人の高松亜寿美さんがACの勉強を始めたと聞き、興味本位でミントにコミュニケーションをしてもらったことがある。ミントが亡くなる二年ほど前の冬のことである。既にこの時点で一七歳を迎えたミントは体力的にはだいぶ衰え、てんかんの発作なども出るようになっていたので、飼い主としては気になることはたくさんあった。

高松さんには、事前にミントの写真とともに「ミントに聞きたいこと」を三項目ほど送っていた。直接、その動物を前にせずとも写真があれば、基本的にはコンタクト可能だという（ちなみに高松さんはこのときまだACの「師匠」のもとで修行中で、その師匠と一緒にミントと話してくれた）。

質問とミントからのメッセージは以下のようなものだった。

質問①――いま何をして欲しい？　もしくはして欲しくない？

（ミントの答え）寝いっちゃう時がある……ゆっくりマッサージして欲しい……。お肉が食べたいなあ！（高松さんから「鶏肉が好きみたい」）。あと、ゆっくり頭を撫でてもらうのが好き。

質問②――最近、ご飯を食べないことがあるけど、どうして？

（ミントの答え）（下痢や嘔吐などで）お掃除してもらうのが悪いと思って（高松さんから「ミントには、『そんなこと心配しなくていいよ』と伝えておきました」）

質問③――あとどれくらい一緒にいてくれますか？

（ミントの答え）「何年も」とか、そんなに長くはないかな。でも無理している訳じゃないよ。ボクのお世話も、こうしなくちゃいけない、ではなくて二人のしたいようにして。

あの時こうすれば良かった……私がやってあげなかったから……って思わないでいいよ。今は穏やかな時間を過ごせているよ。ちゃんとしなくていいよ！　ボクの事は何も心配いらないよ。

　このメッセージを受け取った後、改めて高松さんに話を聞いたところ、彼女は最初の質問（いま何をして欲しくない？）への答えについて、こう付け加えた。

「なんかねえ、移動？　がちょっとイヤみたい。よく移動している？」

「移動」と言われて、すぐに思い当たることがあった。当時は夏休みや年末年始などまとまった休暇があると、ミントを車に乗せて、長い時は五時間ほどかけて海や山へと遊びに行っていたからだ。高齢のミントにとってはキツい道程とは思いながらも、行った先ではそれなりに楽しげな表情を見せるので、つい、いつも遠出してしまっていた。そのうえ、正月なども重なると私の実家がペット禁止のマンションなので、いったんミントを妻の実家に預けて、私の実家に顔を出した後、またピックアップして……という細かな移動も多かった。高松さんが伝えるミントの姿は、まさにそうしたときの後部座席でのミントの様子に他ならなかった。当時の私はその様子を高松さんがまるで見てきたかのように語ったのに驚きつつ「やっぱりそうだったのか」と妙に納得した。

高松さんによると、「座席に丸まってちょっと辛そうにしているミントの映像が見えたのね。で、動いている感じがあったから、移動が辛いのかな、と思った。私の場合は（伝えたいことが）映像で見えるんですけど、文字で見える人もいるし、そこはＡＣによっても違うんです」。

それ以来、このメッセージのことは忘れていたのだが、ミントが亡くなった直後、思い出して、再び高松さんからのメールを開いてみた。すると最初にメールをもらったときには、なんとなく読み飛ばしてしまっていた、次のような最後の一節（特にミントから私に向けてのメッセージだという高松さんの添え書きがあった）が目に飛び込んできた。

〈ママ（妻）の気が落ち着くまでは一緒にいるつもり。ボクがいなくなった後、ママがパニックになっちゃうのが心配。だからママのことを守ってね。もしボクが逝ったら間を開けないで新しい子を迎えてあげて〉

さすがミントだ、これはやっぱりミントのメッセージだったんだ、と思うと同時に、ミントは天寿を全うしたのだ、という確信が湧いてきた。まだまだ悲しみのど真ん中にいる時期ではあったが、このメッセージを読んでその悲しみがだいぶ和らいだのは事実だ。

この項を書くにあたって、改めてＡＣの高松さんに話を聞いた。高松さんの「本職」は添加物を使わない犬用の手作りフードブランド「チリヌキッチン」の経営者だが、ＡＣの勉強を始めたのは自身のＡＣ体験がきっかけだった。

「そのＡＣの方に、以前飼っていて亡くなった犬と話してもらったんです。『初めて会った時のこと覚えている？』と訊いたら、『うん。白い服着てたよね』って。それ聞いただけでもう号泣（笑）。確かに白い服着てたのを、私も覚えていたので」

以来、ＡＣの勉強をし、今は「頼まれればやりますよ」というスタンスだという。

ところで高松さんが話しかければ、ペットたちはみな答えてくれるのだろうか？

「うーん、でも喋らない子は喋らないですよ。犬に比べると猫の方が気位が高いのか、話さない印象があります。逆に喋りたいことがある子は、例えばウチの店に来て、飼い主さんが帰ろうとしても、なかなか帰りたがらなかったりします。結構多いのは、『食べ物を変えてほしい』という要求だったり（笑）」

それに対して飼い主の側は、「最期の治療で辛い思いをさせてごめんね」という懺悔や謝罪の気持ちを伝えてほしいということが多いという。

「そう伝えると、亡くなったペットたちは、みんなだいたい同じこと言うんです。なんて言うか、わかります？」と高松さんが、可笑しそうに彼らの「答え」を明かす。

「『今さら、何を言ってるのさ？』って言うんですよ。もうとっくに済んだことを今さら言うのが、本当に不思議でしょうがない、という感じなんですよね」

どう書いても、「信じるも信じないもあなた次第です」という話になってしまうことは百も承知だが、私は「何となく救われる話だな」と思ったので、あえてそのまま書いた。

ミントが見ていた「青い空」

今回、自身の日記を読み返して少し意外だったのは、ミントに関する記述が死後二カ月を過ぎたあたりから、急速に減っていくことだ。私の印象では半年近くはひきずっていたような感覚があるのだが、七月一九日に移住一年を振り返った後、次にミントに関するまとまった記述があるのは、三カ月後の一〇月一九日のことだった。

〈一〇月一九日　あきは、ミントのことを思い出してこの二、三日メソメソしている。無理もないと思うし、むしろオレのほうがサバサバしすぎていると思うけど、ミントの最後の頑張りを見直すと、とてもあと一日だって、生きてもらうのは、申し訳ないという気になるのも確か〉

今振り返ると、ミントを思い出して泣いたのはこの頃が最後だった。

ある日、「ミントはいつも、どんな風景を見ていたのかな」とふと思い立って、彼の定位置だったリビングのソファの下に寝転がってみた。記憶を辿ってミントの視線に合わせてみると、そこには目に沁みるような青い空が広がっていた。「ああ、この空を見ていたのか」と思った瞬間、涙が溢れてきたが、何かホッとしたような爽やかな涙ではあった。

この直後くらいから、私はライターとして「ペットロス」と向き合うようになっていた。結果的に個人的な体験を第三者に向けて言語化するという作業は、私の場合、ペットロスの衝撃からの回復を早めたように思う。『週刊文春』で企画が通り、一二月に担当編集者と打ち合わせた翌日の日記にはこうある。

〈一二月一〇日　今日の夢はよかった。昨日ああいう話（打ち合わせ）をしたからだと思うが、ミントの死後初めて、ミントが出てきたのだ。オレとあきの間にミントがとことこ歩いてきて、くるりと半回転して、頭をオレの足の上にのっけてため息をついた。生きてるときに何度もみた仕草。確かにこの感触はミントだ、と考えているという「明晰夢」に近い感覚。自分の中で何かが進んでいる気がする〉

記事は翌年の二月、『週刊文春』に掲載された。ペットを亡くした経験のある人たち、その経験はなくとも現在ペットを飼っている人たちを中心に、無名ライターの記事としては異例なほど反響があった。このときの取材で考えたことが本書の骨格をなしている。とりあえずこれが私とミントの物語、ということになるが、次章では寄せられたアンケートの回答をもとに、それぞれの「物語」を辿ってみたい。

第4章

ペットロスアンケート
45人の「物語」

HIROHATA YUKICHI

この「ペットロス」アンケートは基本的に自分や妻の友人や知人、さらにその知り合いへと伝手を辿って行ったものだが、実は苦い反省がある。

私がアンケートをお願いした人の一人に、Kさんという方がいる。

Kさんとは、もう一五年以上のつきあいで、私が週刊誌の記者をしていた頃には、その豊富な情報網に基づくディープで正確な情報で何度も助けられたジャーナリストの大先輩でもある。いつも冗談ばかり飛ばす明るいKさんが、ごく稀に酒席で涙を浮かべることがあった。それは決まって、話の流れで、不慮の事故による愛犬の死に触れたときだった。

「泡を吹いてね、僕の腕の中で亡くなったんです」

そう語るKさんの悲しみは、酒席でもこちらの胸に重く伝わってくるものがあり、私は何と言葉をかけていいかもわからず、ただただ頷くしかなかった。

そこでこの機会にKさんに「アンケートにご協力いただけないでしょうか」というお願いのメールを差し上げたのである。Kさんからの返信は以下のようなものだった。

〈ペットロスなんて、そんな言葉、悲しいなぁ。みんな、そう思っているはずです。とくにウチは不慮の事故死だったから、いまだに、彼を守れなかった自分を、僕も妻も責め続けています。一〇年経ちました。けど、傷口からは、まだ血が流れ続けています〉

最後にこう結ばれていた。

〈ごめん。協力したいけど、無理です〉

Kさんの苦しみは目にしていたはずなのに、メール一本でその傷口を探ろうとした自分の愚かさを気付かされた。自分の中に、古いつきあいでもあるKさんへの「甘え」があったことも認めざるを得ず、このことは今でも後悔している。いくら時間が経っても、我が子同然だったペットの死によって、飼い主が負った心の傷が完全に消えることはない。かさぶたになって血は止まったように見えても、その下には、生々しい傷口がある。

ペットを失った経験を改めて思い起こしてもらうアンケートに答える作業は、その傷口をあえてもう一度、ひらいてもらうことに他ならない。

そのことをわかっているつもりでいたが、無神経なお願いをしてしまったKさんをはじめとする皆様には、お詫び申し上げたい。そのうえで、アンケートにご協力いただいた方に改めて感謝を申し上げるとともに、以下にアンケートをもとに、それぞれの「物語」を紹介していきたい。なおこのアンケートは「Google Forms」のアンケート機能を利用し、オンラインで行った。回答は記述式で、四五名の方から回答を得ることができた（アンケートと同じ質問に口頭で答えていただいたケースも含む）。

仕事中に号泣した腕利きカメラマン

神奈川県在住のサヌキさん（五〇代）はカメラマンで、私の出版社勤務時代の先輩にあたる。どんなに条件の悪い現場でも、上がってくる写真はまるで絵画のように計算し尽くされた構図で、最高の一瞬を切り取っており、何度も唸ったものだ。

　そのサヌキさんは、ダルメシアンのロバンス（♀）との出会いをこう語る。

「隣人の親戚がダルメシアンのブリーダーをやっていて、『仔犬が産まれたから』と誘われて見にいったんです。そしたら当時三歳だった娘がそのうちの一頭に『一目惚れ』して、帰ろうとすると泣きじゃくるんです。それで後日、その子を迎えにいきました」

「名前はどうする？」ときくと、当時カタコトしか喋れなかった娘さんは「ロバンス！」とキッパリ答えた。こうしてロバンスとの生活が始まったが、二年後、サヌキさんは離婚、妻と娘は家を去り、しばらくはサヌキさんとロバンスとの二人暮らしとなる。

「仕事柄、帰宅が夜遅くになることも多かったのですが、そんなときもじっと待っていてくれました。朝晩の散歩などロバンスがいてくれたおかげで、不規則な生活に陥らずにすんだと思います」

その後、サヌキさんは再婚することになるが、彼女が初めて家を訪れ、ロバンスと対面したときのこと。

「本当に『この女、誰？』っていう感じで、彼女と二人でソファに座っていたら、二人の間に強引にお尻を割り込ませてきたりして（笑）。子どもが産まれてからは、良く世話をしてくれて、特に下の子は、ケージに一緒に入って挑んでいくのですが、ロバンスは嫌な顔をせず付き合ってくれて、まるで母とか祖母のようでした」

そんな中でサヌキさんは家を新築することになり、その間、「落ち着かない仮住まいよりはいいかな」と考えて一四歳になっていたロバンスを車で三〇分ほどの距離にある妻の実家に預かってもらったという。

「無事に新居が建って、また一緒に住めるようになったんですが、急に衰えたように感じました。寝ている時間が長くなって、子どもたちがちょっかいを出しても、あまり反応しなくなって。今思えば、半年ほどの間とはいえ、離れて暮らしたことがストレスになってしまったのではないか、と」

ある日の朝、ロバンスの様子がおかしいことに気付いたサヌキさんは、すぐに病院に連れて行った。呼吸困難に陥っていたが、人工呼吸器をつけられると少し落ち着いたので、入院させて様子を見ることになった。

その翌日、ロバンスのことが気になりながらも、朝から撮影の現場に出掛けていたサヌキさんのもとに、動物病院の先生から連絡が入ったのは、午後のことだった。

〈残念ですが、先ほど、静かに息を引きとりました〉

その日は、個人宅で「手作り石鹸」を撮影していたが、訃報を聞いた瞬間、サヌキさんは号泣してしまったという。もちろんそんなことは初めてだった。

「そのお宅でも犬を飼ってらっしゃったのですが、その犬がずっと僕に寄り添っていてくれたのを覚えています」

撮影を終えたその足で病院に向かったサヌキさんが見たのは、たくさんの花の中に横たわって静かな寝顔を見せるロバンスの姿だった。

「苦しい顔をしていなかったのは、せめてもの救いでしたね」

それでも、しばらくは「あのとき、預けずにずっと一緒にいたら、もっと長生きできたのではないか」ということばかり考えてしまったという。

そこからどのように立ち直ったのだろうか。

「子どももまだ小さくて子育てに忙しかったので、日々の生活の中で次第に立ち直っていった感じでしょうか。いつまでも悲しんでいる暇がなかったというか。それでも『もう犬を飼うことはできないな』と感じました」

だが、その後、ロバンスに育てられた次男の強い要望で、新しい犬を迎え、その犬も今年で九歳になったという。

私が知っているサヌキさんはポーカーフェイスで、現場でもほとんど無駄口を利かない職人のような人だっただけに、正直、ペットロスはおろか、犬と暮らしているイメージさえほとんどなかった。会社でロバンスの死について語ったことはあったのだろうか。

「会社とか仕事関係の人には、ほとんど話さなかったですね。話したのは、だいぶ時間が経ってからです」

そういう人が黙々と仕事をこなしながら、ひっそりと犬を失った悲しみに耐えていたのか、と考えると、後輩としての自分の観察眼の甘さはおくとしても、「公認されない悲嘆」というペットロスのひとつの側面が浮かび上がってくるように思える。

一〇年以上引きずった「安楽死」の衝撃

「いったいこの悲しみがいつまで続くんだろうか」

ペットを亡くした人は、誰もがそう考える。一年か、あるいは五年か、そもそもこの悲しみが癒えることはあるのだろうか、と。

前出のアイペット損害保険株式会社の「ペットロスに関する調査」によると、「ペットロスの症状がどのくらい続いたか」という質問に対しては、「三カ月未満」の人がペットロスに陥った人のうちの五一・〇%と半分以上を占めているが、「一年以上」（八・〇%）あるいは「まだ続いている」（四・七%）と答えた人もおり、期間には個人差があるようだ。

またペットとの別れ方によっても、立ち直るのにかかる時間は変わってくるだろう。

「一〇年以上、立ち直れませんでした」と語るのは、北海道在住の洋子さん（四〇代）だ。ヨークシャーテリアの「杏寿」が洋子さんの家にやってきたのは、洋子さんが中学生のときのこと。父親の知り合いの家で生まれた仔犬の中から一匹引き取ることになり、「一番元気な子にしなさい」という父の一声で選んだのが杏寿だった。名前は血統書に書かれていた「Angel」のフランス語読みにちなんだという。

「高校受験のために部屋で勉強していると、よく膝に乗ってきて甘えてきました。相手できないでいると、後ろのクッションでイビキをかいて寝てました」

中学生だった洋子さんにとって、毎晩一緒の布団で眠る杏寿は、妹のような存在だった。

一三歳の秋、両親の結婚記念日に杏寿も連れてドライブにいった。帰宅後、杏寿が嘔吐したのだが、長時間のドライブで酔ったのかな、とあまり気にしなかった。

「その数日後にトリミングに連れて行ったら、トリマーさんから『耳の下に何かできているから早く病院に行ったほうがいいよ』と言われて、すぐに連れて行ったんです」

診断結果は「末期のリンパ腫」だった。当時は今ほど抗がん剤治療なども一般的ではなく、治療の選択肢は限りなくゼロに近く、免疫療法なども試したが日に日に状態は悪化していった。

「高熱が続き、食べられなくなり、そのうち目も見えず、排泄も自分ではうまくできない状態になってしまい、夜中に苦しそうに鳴くようになりました」

何軒もの動物病院を回り、セカンドオピニオンを求めたが、有効な手立てはなかった。最後の病院では医師から「意識が混濁し、内臓からも出血があり、貧血状態です。輸血することはできますが、それが原因で亡くなる可能性も高い」と告げられた。ここに至って、洋子さん父子はある決断をする。

「杏寿も苦しんでいる、とも言われました。最終的には父が（この三週間ほど杏寿につきっきりだった）私自身の身体も限界だろう、と『安楽死』の決断となりました」

最期の瞬間、洋子さんは杏寿を抱きしめ続けたが、それまでグッタリしていた杏寿が、少し嫌がるように身をよじらせた光景がいつまでも頭に残ってしまったという。

「『本当はもっと生きたかったのでは』『怖かったのでは』と悲しみと後悔に襲われました。それから一年間はうまく寝られず、泣いて起きる日々で、日常生活を送ってはいましたが、犬を見かけるたびに号泣していました」

それでも時間が経つにつれ、泣くことは少なくなり、冷静に受け止められるようにはなった。そして一〇年が過ぎたころ、ようやく次の犬を迎えることができたという。

「癒されていますね。杏寿の代わりにはもちろんなりませんし、するつもりもないですが、愛情をかけられる相手がいることはやっぱり救いになると思います。ペットが亡くなってしまうことは避けられない未来です。でも、それ以前にたくさんの幸せな記憶があり、それを悲しみで消してしまうのはもったいないと思っています」

欧米における終末期のペット医療では、「安楽死」という措置はごく一般的な選択肢として挙がってくるが、日本においては、まだ抵抗感が強い。当時であればなおさらだ。そんな中で杏寿の尊厳のために洋子さん父子がとった選択には敬意を表したい。一方で、その選択の代償もまた大きいということも、改めて認識させられるケースではある。

心は止まったままだった

神奈川県在住のレイコさん（五〇代）にとって、ドイツ語で「一」を意味するゴールデンレトリバーの「アイン」は、文字通り「一番のともだち」だったという。

「子どものころは、かなりのいたずらっ子で植木鉢やホウキを咥えて庭を走り回っていました。お留守番をさせると、私が一キロほど離れた最寄り駅に降りた頃に、必ず玄関に向かい、スリッパを咥えて尻尾を振って待機していた、と（家族から）聞きました。怖がりでピーピー言いながらも、山を登ったり、沢を歩いたり、いろんなところに行きました」

そんなアインだが、高齢になると脳に腫瘍が見つかったり、てんかんの発作が起きたりと、身体に不調が生じるようになり、長い介護状態を経て、亡くなってしまう。

「悲しすぎて、現実の世界に膜がかかっているようなフワフワした感覚が続きました。アインを葬儀場に連れていくということが考えられず、友人がすべて手配してくれて、付き添ってくれました。それでも、子どもがまだ小さかったので、日々身体を動かし続けてはいましたが、心はずっと止まったままだったと思います」

その状態が一〇年以上、続いたという。

「いつまでも私が悲しんだり、辛いことばかり思い出すのをアインは望んでないよね、と頭ではわかっているのですが、今でも立ち直ったかどうか、正直わかりません。それでも時間が経つにつれて、少しずつ回復はしていったのも確かです」

そのきっかけとなったのが、保護犬の里親を探すボランティア活動だった。

「ボランティア活動を通じて、施設の犬たちと触れ合い交流していく中で、どうしてもアインでなければダメ、というこだわりが少しずつ溶けていったように思います。アインが亡くなって一五年が経って、ようやくそう言えるようになりました。今でも『またアインに会いたいな～』と思うと、涙が出そうになりますが、それだけの関係を持てたことを大切にしたいと思います」

実はレイコさんは私の妻の友人で、最晩年のミントと私たちのこともよく知っていた。そんな彼女が、ミントの死後、私の妻にこんな言葉をかけてくれた。

「でもさ、『蜜月』だったよね」

自力での排泄も難しくなったミントを真ん中にして、川の字で過ごす夜の時間は、不安で寂しいような気もしたが、言われてみれば、確かに「蜜月」というべき濃厚な時間でもあった。この言葉にはもの凄く救われたのだが、このアンケートを読み、レイコさん自身がアインとまさに「蜜月」の時間を過ごしたからこそ出た言葉だったんだな、と改めて有難く思っている。

夢に出てきたら回復のサイン？

Yさん（四〇代、埼玉県在住）はペットショップで「ずっと気になっていたシベリアンハスキーの子」を熟慮の上、迎え入れて「イブ」と名付けた。

「犬なのに煮干しや野菜が大好きで、話しかけたとき、聞きなれない言葉を聞くと、小首をかしげる仕草をしたり、他愛もない思い出がたくさんあります。とにかく優しい子でした」

イブが一六歳になったある夜のこと、翌日海外に出掛けることになっていたYさんは苦しそうな鳴き声を耳にし、イブのいる庭へと降りて行った。特に体調が悪そうということもなかったというが――。

「結局、その夜がイブと過ごした最後の時間になりました」

Yさんが家族からイブが旅立ったことを知らされたのは、帰国後のことだった。

「人生の中で大泣きしたランキング一位か、二位か、というぐらいでした」

最期に立ち会ったＹさんの母は、「魂が抜けた亡骸が不思議と綺麗だったのよ」と言って、その写真を見せてくれた。

「苦しんで生きていたころには、ちょっとベタついた感じだった毛並みがなぜかふわっとしていて、穏やかな顔だったので、少し救われました」

だが、その後もイブを思い出すたびに涙が溢れ、Ｙさんが「悲しみの世界」を抜け出すには、それから実に三年の歳月が必要だった。三年後に何があったのだろうか。

「少し非科学的な話になってしまいますが、夢にイブが出てきたんです。イブはとても落ち着き払った『高尚な犬』という雰囲気に見えました。そして私に向かって微笑みながら、大丈夫だよ、と語り掛けてくれているように感じられたのです。それまでは『もっとああしてあげればよかった』とか『イブは幸せだったのかな』とか、後悔や無駄な思いを巡らしていたのですが、夢の中のイブの姿を見て、あの世でちゃんと成仏でき、穏やかに過ごせているのかな、と思えました」

　先述した通り、私も同じような経験をしたことがある。ミントの死後、彼が初めて夢に出てきたのは七カ月後で、この頃には、絶望的な悲しみの時期は過ぎて、少し前向きになったと自分でも感じ始めた時期だった。Ｙさんのケースと合わせて考えると、亡くなったペットが夢に出てくるようになると、グリーフワークの段階がひとつ進んだサイン、と言えるのかもしれない。

高齢者のペットロスという課題

神奈川県在住のクマザキさん（八〇代）は、今回アンケートを寄せてくれた方の中では最高齢だ。もともとは娘さんが「お嫁に行ったら、マンションに住むだろうから、（一軒家に住んでいる）今しか犬を飼うチャンスがない」といって、両親を説得し、ブリーダーのもとからミニチュアダックスフントを引き取った。クマザキ家は音楽一家で、その名も「マーラー」と名付けられ、その後、新たに「ショパン」を迎えたという。

ところがマーラーが一二歳、ショパンが一〇歳のときに、クマザキさんは夫を亡くしてしまう。

「『早く自分も死にたい』と後ろ向きになっていた私を支えてくれたのが犬たちでした。犬と触れ合うときは、心の中の悩みや苦しみから解放されるようでした。特に家族にも言えないような愚痴や弱みをよく静かに聞いてくれた姿は印象に残っています。その後でおやつを貰えることを、よくわかっていたのだと思います」

散歩の途中には、声楽の教師をしていたクマザキさんが、木の下で童謡を歌うこともあり、そんなとき二匹はきちんとおすわりをして、じっと聞いていた。そんな可愛い二匹だったが、「犬は犬として（人間扱いせずに）接するように」という獣医からの教えを守り、人間の食べ物を与えるようなことはなかった。それを「少し後悔してます」とクマザキさんは言う。

「本当は人間の食べ物を食べたかったんじゃないか。聞いてみたかったですね。いつも私たちの食事中、よだれを垂らしていた姿を、よく思い出すんです」

クマザキさんの娘が結婚して家を出た後、二匹の最期を看取ったのは、クマザキさん一人だった。

「二匹とも私の腕の中で亡くなりました。亡くなる二、三時間前にマーラーはワンワンと声を張って鳴きました。獣医さんにその話をしたら、それは『ありがとうございました』と御礼を言ったんですよ、と。ショパンが動けなくなったときも、夜にワンワンと鳴き出しました」

「あぁ、今晩この子は逝ってしまうんだ、と思うと涙がこぼれました」

「夜中零時を過ぎたころ、目から大粒の涙を流す私の顔をじっと見て、静かに目を閉じて、天国に召されました。その瞬間、腕の中でフニャリと、ショパンの身体の力が抜けるのがわかりました」

マーラーもショパンも一六歳だった。クマザキさんは一人で火葬場まで連れて行った。その悲しみとも一人で向き合わざるを得なかった。

「夫も亡くなり、子はみんな家を出て、独りぼっちになったという事実と向き合えず辛かったです。新しい犬を迎えようにも自分の年齢を考えると難しく、周囲にも反対されるため、新しい犬と暮らすことで気持ちを和らげることができずに、一層辛く感じました」

それでも時間が経った今では、少しだけ癒される瞬間もあるという。

「犬と歩いた散歩道、四季折々の花や果実の樹木を見ながらウォーキングしています。あの木の下でお座りして、私の話や鼻歌を聞いてくれたな、という風景を思い出しながら歩くと、少し心が潤う気がします」

クマザキさんのインタビューはお孫さんが聞き取ってくれたものだが、その彼女は「おばあちゃんのような高齢者のペットロスは向き合い方が一層難しいように感じました」と書いている。まったくその通りだ。ご家庭の事情もあるだろうから、そう簡単な話ではないのは重々わかるのだが、その文面からクマザキさんの犬に対する静かな強い愛情がひしひしと伝わってくるだけに、何とか新しい犬と暮らす方法はないものか、と考えてしまう。

だが実際には、新しい子を飼おうにも、自治体や飼い主のいない犬猫と里親をマッチングする保護団体などでは年齢制限を設けていることも少なくない。例えば東京都であれば、動物愛護相談センターで保護された犬の譲渡条件として飼い主の年齢を「二〇歳から六〇歳まで」としている。

その理由は、「犬の寿命を一五年、飼い主の健康寿命を七五歳と想定した上で、飼い主が最後まで責任を持って動物を飼えるよう」ということである。動物福祉の観点からも当然なされるべき配慮だとは思うが、一方で高齢者ほどペットロスが深刻になりがちなのもまた事実である。

前出のアイペット損害保険株式会社によるペットロスに関するアンケート調査によると、ペットロスの症状が続いた期間として、一五歳から三九歳の世代では、約六割が「一カ月未満」と答えているのに対して、六〇代では、「一カ月未満」と答えた人は約四割にとどまっている。逆に「一年以上」ペットロスの症状が続く人の割合は、一五歳から三九歳の世代が一〇％未満なのに対して、六〇代では、二〇％を超えている。

超高齢化社会を迎えたわが国にあって、高齢者のペットロスをどう支えるか、は社会全体で取り組むべき課題だと思う。

「強硬手段」で犬を飼った妹の死

千葉県在住の那由多さん（四〇代）の家では、犬を飼うことには家族全員が否定的だった。ただ一人、日頃から「犬を飼いたい、と叫んでいた」那由多さんの妹を除いては——。

その妹は、ある日、ペットショップで運命の犬に出会い、「強硬手段」に出た。

「二階で飼えばバレない、と謎の確信を持って、家族に内緒でケージやエサを用意していたんです。家族に見つかると、『明日、犬を連れてくるから。大丈夫、二階から下ろさないから』と言い放ち、翌日、満面の笑みでその犬を連れて来ました」

妹は、習字ペンで「千与」と書いた紙を部屋に貼り出した。既に名前も決めていたのである。そんな千与が、家族の一員となるのに、そう時間はかからなかった。

「坂を登るのが好きで、誰もいない山の急な斜面をよく一緒に駆けあがりました。先に上について、『まだ？』という顔で振り向くのが、定番の光景でした」

そんなある日、言い出しっぺだった妹が自宅で急死してしまう。

「彼女が亡くなったとき、千与は冷たくなったその身体の足元に丸まって、まったく離れずにいました」

そのことがあってから、那由多さんの母が泣いていると、千与は「ねえねえ」と足をトントンしながら、膝の上に乗ってきたという。誰かが泣いていると必ずそうするのだった。

千与は一八歳まで生きた。人間でいえば一〇〇歳を超えている。千与が最期を迎えつつあるとき、那由多さんは研修で東京を離れ、岐阜県の山奥にいた。そこに家族から「危篤だ」と連絡が入った。研修を途中で抜けて最終バスに飛び乗り、七時間かけて家にたどり着いた那由多さんが目にしたのは、出発前とは全く異なる痩せこけた千与の姿だった。

「狼狽してしまって、オイルを塗りたくって温めたり、撫でまくったり、『穏やかな死を迎えさせてあげよう』なんてことは思いつきもしませんでした。どこかできっとまた元気になってくれる、このまま死ぬわけがないという気持ちに支配されていたんだと思います」

徹夜の看病のつもりで一緒の布団に横になったが、長旅の疲れからか、一時間ほどうっかり寝てしまった那由多さんが、ハッと目を覚ましたのは午前四時。おそるおそる千与のお腹を触ると、まだ呼吸している。何となく手を離せずにそのままでいると、しばらくして、「フッ」と息を引き取った。

「ああ、息を引き取る瞬間ってわかるもんなんだな、と冷静に頭で思ったのを覚えています。逝く前に起こしてくれたのかな、と都合よく考えたりもしました」

那由多さんは、整体やヒーリングを生業としている。そのせいもあってか、現象としての千与の死を見つめる視線は、どこまでも冷静で客観的だ。

「『肉体は乗り物』という言葉を聞いたことがあったんですが、その意味が初めてわかったというか。息を引き取った瞬間から目の水分が急速に失われ、時間が経つにつれて身体は硬直していく。温かかった身体はまるで段ボールのようにペラペラの違う物体に変化してしまいました。『ああ、これは千与じゃない。本当にただの乗り物なんだ』と実感しました」

それでも、千与を亡くした悲しみが消えるわけではない。

「自分がしてあげられなかったこと、してしまったこと、最期が自分が考えていたような理想的な状況ではなかったこと……そんなことばかり考えて、後悔ですべてを埋めつくそうとしてしまいましたね。挙句のはてに、我が家ではなくて、どこか別の家で飼われていたら、千与はもっと幸せだったんじゃないか、とまで考えてしまいました」

那由多さんは「『ペットロス』という言葉に私はとても違和感があります」という。

「千与の死は悲しくて、何年たっても涙が溢れてくるけど、千与そのものを失ったわけじゃないからです。まだいるような気がするし、実際に話しかけてもいます。姪っ子をつい『ちぃ』と呼んでしまうくらいで（笑）」

アンケートの最後に那由多さんはこんな言葉を書いている。ちょっと長くなるが、以下にそのまま引用させていただく。

〈今回のアンケートを書くのは少し勇気が必要でした。けれど書いてみると想像とは違う思いが湧いてきました。

暖かい日差しが降り注ぐ縁側で、フカフカの布団の上で背中を撫でながらまったりと過ごす時間。

私のトレーナーのお腹の中に入って丸まっていびきをかいて眠る温かな身体。

お気に入りの山の斜面を上がりきった時のドヤ顔。

サツマイモをふかし始めると出来上がるまでその鍋を一心不乱に見つめる真剣な顔。

ビロードみたいに黒々と光った毛に、くちゃい耳。

感触も臭いも声もありありと思い出される。千与は名前の通り、千のものを与えてくれていました。それは今も変わらない。一緒に過ごした幸せな時間をこうやってひとつひとつ慈しむ。アンケートに答えることで、頭でただ思っているだけではなく、口にする。言葉にする。書く。描く。そういった丁寧な時間を持つことが「失った」ことばかりに目が行きがちな気持ちをたわめ、幸せな時間と関係を確かにしてくれ、支えになるのではないかと感じました。

「愛しむ」と書いて「かなしむ」と読むのはこのことかと胸に沁みる機会となりました。

　ありがとうございました〉

既に書いたとおり、このアンケート自体が、回答者に過去のトラウマを思い出させる作業を強いていることは否定しようがない。アンケートをお願いしながら、ずっと内心ではそのことがひっかかっていた。それだけにこの那由多さんの言葉には救われる思いがした。

神様からのプレゼントの一年間

北海道在住のさっこさん（四〇代）とその仔犬との出会いは、ペットショップだった。

「生後三カ月のポメラニアンでほかのきょうだいは先に貰われていき、一匹だけ残っていたんです」

さっこさんが抱っこすると、その仔犬はペロペロと顔を舐め、店員は「この子がお客さんを舐めるのは初めてです」と驚いた。「昔、好きだった」同名の犬が主人公の映画にちなんで「フルーク」と名付けた。独身時代からの「二人暮らし」で、フルークは「自慢の可愛い一人息子」だった。

仔犬のころから病気がちで、ときどき吐いたりしていたフルークが腎不全と診断されたのは一一歳のときのこと。このとき、さっこさんはある決意を固める。

「腎不全と診断されたときに『もう治らないんだ、そのうちいつか亡くなっちゃうんだ……』と覚悟しました。一日一日を大切に、すべてを心に焼き付けるように可愛がりました。腎不全だと最期はどんどん食欲がなくなっちゃうから、本当に最期になったら何でも好きなものを食べさせようとも思っていました」

動物看護師の資格を持ち、かつては動物病院に勤務していたというさっこさんには、腎不全という言葉が意味することはわかっていたのである。そこで、自宅で自ら皮下補液（皮膚の下に注射針で点滴の液体を投与すること）をし、食欲がないときはフードを温めて手ずからあげるなど、できる限りの工夫を凝らした。

「動物病院に勤務したことはありましたが、皮下補液は毎回苦戦して、打つ場所が下手で顔がタポタポになってしまったり……フルークには申し訳なかったです。大人しい子でしたが、けっこう嫌がって暴れたので、毎回主人と二人がかりで大仕事でした。それでもフルークが耐えてくれたお陰で体調は一時回復し、今までにないくらい元気いっぱいになりました。その頃に桜がすごくきれいな場所でお散歩したのは良い思い出です」

だが、お別れのときは突然やってきた。腎不全と診断されてからちょうど一年が経った日、突然けいれんの発作を起こし、懸命の治療も空しく三日後に逝ってしまったのである。

「最期は仔犬のときから診てくれていた先生が一晩中、つきっきりで麻酔をコントロールして発作を抑えようとしてくれましたが、腎不全のフルークの身体がもう麻酔に堪えられなかったんです」

〝突然のお別れ〟の衝撃は、やや遅れてやってきた。

「亡くなった直後はお葬式をしたり、フルークに似合う可愛い仏壇や、それに飾る写真を選んだり、いろいろしていることで気が紛れていたんだと思います。亡くなったのは一〇月末だったんですが、年が明けた頃からどんどん悲しみが深くなり、仏壇の前に座って泣く毎日でした。あまりに突然すぎて、最期のときは好きなものを食べさせよう、と思っていたけれどそれもできなかったし、病院ではなくて自宅で看取ってあげたかった。今でも後悔することばかりです」

「それでも」と、さっこさんはアンケートにこう記してくれた。

〈それでも最後の一年間、腎不全の治療を一生懸命して、大切な日々の瞬間をたくさん目と心に焼き付けることができたのは本当に良かったです。神様からのプレゼントの一年間だったと思っています〉

フルークの死から半年後、さっこさんは新たな犬を迎え、その子も今は六歳になったという。

「新しい子もポメラニアンです。本当は違う犬種か、同じポメでも違う毛色にしようと思っていたんですが、結局フルークと同じ毛色の子になりました（笑）。今でもフルークのことはたびたび思い出しますし、一生引きずっていくんだとも思います。だから後悔しないということは無理かもしれませんが、最期に一生懸命、できる限りすべての事をやってあげられたら、もしかしたら、少しはロスは和らぐのかもしれないな、と思います」

そして私が知る限り、ペットは飼い主がそう思えるまで、一緒に頑張って生きてくれるものだと思う。

犬と猫でペットロスに違いはあるのか

ペットを失った飼い主たちへのアンケートの回答を読んでいるうちに、ふと気がついたことがある。犬を亡くした人と猫を亡くした人とでは、悲しみ方の「トーン」がちょっと異なるのだ。

その違いを言葉にするのは難しいのだが、あえて言うならば、猫を亡くした人は、今もなお、日々の生活の中でその猫の「存在感」を感じている人が多い。だからこそ、この手で抱きしめられないもどかしさと悲しみを強く感じているように見えるのだ。

前出の阿部氏はこう語る。

「恐らくそれは猫と『家』との結びつきの強さによるものだと思います。犬にとっても猫にとっても家は大事な場所ですが、外に散歩に行かない猫の場合は、ほぼ一〇〇パーセント、家が居場所です。ですから飼い主さんにとっては、家の至るところに亡くした猫との記憶や思い出がある。犬でも猫でも失った悲しみの深さは変わらないと思いますが、家と強く結びついている分、猫のペットロスは、不在の違和感を強く感じる傾向があるのではないでしょうか」

ここまで犬を亡くした人の体験談を紹介してきたが、次は猫を亡くしてきた人の体験を紹介していきたい。

純度一〇〇パーセントの「ただただ悲しい」

「今では考えられませんが、飛行機の貨物扱いで仔猫だけで羽田空港に到着して、手荷物受取所に迎えにいったんです」

Kさん（五〇代、東京都在住）が懐かしそうに振り返るのは、函館のブリーダーから購入したスコティッシュフォールドとの出会いの場面だ。家に連れ帰るまでバスケットを開けられず、ようやく家で初対面した瞬間、「そのひよひよした小さな体、何より圧倒的な可愛さにやられました」。その小さな体にちなんで仔猫は「ちぃ」と名付けられた。

「おっとりしてほとんど悪さもせず、動物慣れしてない夫や娘もすぐに慣れて、家族の一員になりました。もともと人とよく見つめ合う子でしたが、七、八歳になると、より心が通じ合うようになって……私の顔を見つめながら、トコトコ膝に乗りにくるときは、お互いから柔らかい波動が出ているように感じました」

そんなある日、ちぃの具合が悪くなり、「腕がいい」と評判の近所の獣医に連れて行ったことがあった。確かに診察はすこぶる手際がよかったが、その獣医は「でも、奇形だからね～」と言い放ったという。

「それで憤慨してしまって、しばらくその獣医に行くのを避けていました」

今でこそスコティッシュフォールドの特徴である「折れ耳」は骨軟骨異形成という遺伝性疾患の産物であり、その結果、骨格に異常が出やすいこと、成長するにつれて痛みが生じることは知られるようになったが、当時は、知る人は多くなかった。

「今ではスコティッシュフォールドについては何とも言い難い思いもありますが、当時の私はあまりに無知でした。それでも縁あってうちに来てくれた『ちぃ』を大事に愛おしく育てたことに変わりはありません」

そのちぃは一一歳まで生きた。

「明らかに調子が悪くなってからは、家に帰るのもしんどかった。帰宅したときに、生きていてくれるか、それが怖かったんです。結局、最期は家で私が看取ることができました」

近くのペット斎場を調べて、人間と同じような手順で丁寧に火葬し、職員から焼いた骨についての説明を受けると、少し救われた気分になった。

「ちぃを亡くした後の感情は、『悲しい』のみ。純度一〇〇パーセントの『ただただ悲しい』でした。こんなにも混じりけのないシンプルな気持ちになるのか、というのは自分にとっても発見でした。それでもお別れの儀式をきちんとしたことは、気持ちを整理するうえで効果があったな、と思います」

ちぃの死から二年後、Kさんは新しい猫を迎えることができた。

「ちぃが猫のよさ、素晴らしさをすべて教えてくれました」

だからこそ、「命のリレー」を続けていくことができるのだ。

亡くなった母が夢の中で

よんはちさん（四〇代、東京都在住）がふらりと立ち寄ったペットショップで、一目惚れしたのは、青い瞳のペルシャ猫だった。

「目があった瞬間に『にゃー』と鳴いて。まるで妖精のような姿で、他の人に連れていかれないように、その場で手付金をお支払いしたほどの衝撃的な出会いでした」

第一印象に従って名前は「フェアリー」。猫はドライで気まぐれ、というイメージがあったが、フェアリーは「わりとウェット」で、自分のことを人間だと思っているのでは、というぐらい自己主張や喜怒哀楽の表現が豊かな猫だった。

「仔猫のうちはこちらが庇護している気でいましたが、成長すると、いつの間にか、こちらが見られているようで、私が仕事でくたびれてソファでそのまま眠りこんでしまったときなど、そっと近くにきて一緒に寝てくれたり、目があえば、ニャーと鳴いて、何事かお話ししてくれて、気持ちが優しく凛として、とても愛らしい存在でした」

　そんなフェアリーは猫ながら、虫が苦手。あるとき、よんはちさんのところに来たフェアリーが「ニャー、ニャー」と小うるさく鳴いたことがあった。あまりにしつこいので、その後を追ってみると、そこには大きなゴキブリが――。慌てて駆除すると、その一部始終を見届けたフェアリーが「これでやっと安心」とばかりに、お気に入りの段ボール部屋へ戻り、寝入った姿は、「今でもクスッと笑えてしまう思い出の一つです」。

　だが、そんなフェアリーに病魔が忍び寄っていた。

　食べる量が減ったなと思い、動物病院で検査してもらったところ、乳腺腫瘍と診断されたのである。主治医からは避妊手術を受けていれば、ほぼ防げる病気とも説明されたが、フェアリーは手術を受けていなかった。

「余命三カ月と診断されてからは、涙、涙、涙の日々。フェアリーの体力は日に日に落ち、肺に水が溜まる症状も発症してしまい、動物病院に通っては肺に溜まった水を抜く治療を何度も繰り返しましたが、そのうち歩くことも、食事を自力で食べることも出来なくなってしまいました」

それでも、一日でも長く生きてほしいという気持ちで、家族一丸となって「やれることはすべてやってみよう」と決意した日の夜、よんはちさんは夢を見た。

「私の亡き母が夢の中でフェアリーを抱っこして、私に会いに来ると言ったんです」

ハッと目覚めて、跳び起きると、汗をびっしょりかいていた。まさかそんなことが、と半信半疑だったが、この夢を見てからフェアリーの体調は一気に悪化していく。

その日、よんはちさんはフェアリーが一番お気に入りの場所で網戸越しに一緒に外の景色を眺めていた。

「抱っこしながら『明日はテレワークだから、ずっと一緒にいられるよ』と、撫でてあげたら、ゴロゴロとのどを鳴らして喜んでいたんです」

ところが夜が明けると体調が急変。身体が硬直しはじめたため、慌ててマッサージを施したところ、少し落ち着いたので朝一番で動物病院に駆けこんだ。検査入院のため、獣医に抱っこされて離れていくとき、フェアリーはそのブルーの大きな瞳でよんはちさんをじっと見つめていたという。

「フェアリーと目があったのは、このときが最後でした」

検査結果はかなり悪く、獣医から「フェアリーちゃんにとって一番安らぐ場所で過ごすのが良いのではないでしょうか」と連絡を受け、病院へ迎えにいった。すでに意識は朦朧としていたが、自宅に連れ帰り、大好きな畳の部屋の座布団の上に横たえる。家族全員が口々に「おかえり」「フェアリーちゃん」と呼びかけながら、身体を撫でていると、やがて「ニャー」と声をあげて、安心したのか、そのまま眠るように旅立った。

体調を崩してからわずか一カ月。それまでは元気にいつも通りに動き回っていた。

「今でも現実を受け入れることができていないのも事実です。フェアリーちゃんとお別れしてからしばらくは、涙ってこんなに流れるものなのか、というぐらい毎日泣きました」

そうして一カ月が過ぎたころ、小さな奇跡が起こる。

「ある朝、庭から仔猫の鳴き声が聞こえてきたんです。二〇年住んで、庭に仔猫が来たことなんてなかったので、最初のころは空耳かな、と思ったんですが、テレワークをしているときに、やはりハッキリと聞こえてきて、姿は見えないけど間違いない、と」

フェアリーが使っていた器にキャットフードを入れて庭に出しておいたところ、いつの間にか空っぽになっていた。そこで市役所から捕獲器を借りて庭に設置したところ、なんと二匹の仔猫が入っていたのである。

「悲しみにくれている私を天国のフェアリーちゃんが見て、仔猫たちを連れてきてくれたのかな、と思いました。仔猫たちが来たことで、悲しみのスイッチから別のスイッチがオンになって、気持ちに変化がありました。中々できないけれど、『新しいスイッチ』を作ることは、効果大なんだな、と気づきました」

よんはちさんは今もなお、亡きフェアリーの形見をペンダントに入れて、肌身離さず一緒に過ごしている。

元・動物看護師の後悔と決意

ひえちむ小梅の母さん（五〇代、北海道在住、以下、「小梅の母」さん）が、当時住んでいた東京のマンションの横で、まだ目も開いていない三匹の仔猫の兄弟を保護したのは、雨の日だった。毎日、ベランダにご飯を食べにくる地域猫の生んだ子たちだった。

「ずぶ濡れで放っておけず、三匹まとめてTシャツにくるんで、すぐに動物病院に連れて行ったのですが、人間の匂いがついてしまったせいか、その後、親猫に会わせても飼育拒否。結局、二時間おきにミルクをあげながら、大切に育てることにしました」

三兄弟の中でも「ぷぅ」は「一番甘えるのが下手くそ」で「一番のストーカー」だった。

「トイレもお風呂も全部、私に付いてきました。寝る時も、ほかの子たちに遠慮して、足元に。でも誰よりも食いしん坊でオヤツのときは、私の足元で、頭をゴンゴンして誰よりも熱く催促していました（笑）」

そんなぷぅが、突然下痢をし始めたのは、二〇二二年二月のこと。札幌に越してきたばかりで土地勘もなかったため近所の動物病院に駆け込んだが、ここでの処置に違和感を持つ。

「私は動物病院で働いた経験があり、動物看護師の資格も持っているので、下痢の処置といえば、まずは便の検査だと思い、便も持参したんです。けれどその病院では触診さえしないままに腸炎との診断が下され、下痢止めを処方されました」

下痢止めを飲ませれば少しはよくなるが、快方には向かわない。三度目に病院にいったとき、「こちらからお願いして」ようやく血液検査をしてもらえたが、「異常はない」としてまた下痢止めのみという流れに。ところが慣れない外出と病院のストレスでぷぅの心拍数が上がっていたためか、聴診器をあてたかと思うと、いきなりの心電図検査で「心筋症」と診断された。

「血液がうまく流れていないから消化不良を起こしているのかな、と心臓の薬も処方されたんですが、私も血液検査の見方は理解していたので、『そんなはずはない』と言っても聞き入れてもらえませんでした。不安な気持ちで帰路につきました」

その後、札幌の知り合いに猫に強い動物病院を紹介され、「飛んでいった」という。

「診察台に上がり触診するなり、先生は『何かあるね』。五分かからずに生体検査の処置がとられ、結果はリンパ腫でした。オペをすれば治る可能性もあるが、このまま何もしないと今月いっぱい持たないと言われて、頭の中が真っ白になりました」

次の週の月曜に手術の予約をして帰宅。「私は何をしていたんだ。私のせいだ」と自分を責めて泣いている小梅の母さんに、ぷぅは「サイレントニャー」でオヤツを催促した。

迎えた手術当日。仕事を休んで、朝、病院に連れて行き、ひたすら成功を祈っていた小梅の母さんのもとに、昼過ぎに病院から電話があった。動物病院に勤務していた彼女には、その電話が意味するところがすぐにわかった。医師はこう告げた。

「(ガンが)胸に飛んでいるね。オペはできない。今日から抗がん剤治療を始めます」

抗がん剤の効果でいったん腫瘍は小さくなったが、一カ月ほどで転移。ぷぅの食欲は落ち、みるみる痩せていった。そんな中で、忘れられない思い出がある。

「どんどん食べられなくなったある日、私が一時間以上コトコト煮た手作りのサーモン煮をぷぅが食べてくれたんです。それが最後に自分の意思で食べてくれたものでした」

いよいよ薬も効かなくなったとき、医師に「治療を続けますか」と問われた小梅の母さんは、「もういいです。あとはお家で」と答えた。

「そこからの三週間は会社から帰るのが怖かったです。一人で逝ってしまったら、どうしようと。『お母さんが帰るまで待っててね』が私とぷぅの毎日の会話になりました」

立つこともできなくなり、寝たきりの生活が続いていたある日、朝方ドタドタという音で目を覚ますと、ぷぅがヨタヨタとトイレに向かっている後ろ姿が目に飛び込んできた。慌てて身体を支えてあげると、ぷぅはトイレまでたどり着き、きちんとオシッコをした。

「それが動いているぷぅを見た最後になりました」

それから二日後、「ちょっと待っててね」と買い物に出掛けて戻って来てから、「ただいま」と抱き上げた。そして――。

「抱いて一〇分もしないうちに、私の胸の中で空に還りました」

一二歳と一一カ月だった。小梅の母さんは、「ありがとう、ぷぅ」と言って送り出した。

「（自宅で過ごした）最後の三週間は、私が心の準備をするために頑張ってくれたんだな、と感じています。最後まで私のことを考えてくれて、感謝の気持ちが一番大きかったです」

　今でもぷぅのことを思い出すと泣いてしまうという。

「話しかけては泣き、思い出しては泣いてしまいます。でもそれでいいと思ってます。ぷぅのかわりはいないから、（死に）納得なんてできないし、泣きたいときは泣いて、そうやってぷぅを思い出して過ごしていこうと思っています」

　そんな小梅の母さんは今、札幌市内で北海道産の食材を使った添加物・着色料不使用の手作りおやつ製造を手掛けている。ぷぅが最後に自力で食べたサーモン煮の思い出が、彼女に歩むべき新たな道を決意させたのかもしれない。

「あの一時間、外に出なければ」

「毎朝、学校に行く前にカンタを膝の上に乗せて朝ドラを見ながら朝食を食べるのが日課でした」とミックス猫のカンタとの思い出を語るのは、東京都在住のあかねさん（三〇代）だ。

　そのカンタが腎臓病にかかってしまった。猫によく起こる病気である。静岡の実家を離れ、東京で暮らしていたあかねさんは、カンタの様子を見に、頻繁に実家に帰った。

「私に一番なついていたせいか、病気で身体を動かすのも辛いはずなのに、二階にある私の寝室のベッドでよく寝ていたそうです。最後は動くこともままならず、薬のせいで黄疸もひどかったです。そんなある日、私が毎週のように実家に帰ってカンタを見ているのを気の毒に思った姉が『一時間ほど外食して気分を紛らわそう』と提案してくれたんです」

ちょっとだけなら、と外食に出掛けて、帰ってきたらカンタは玄関で亡くなっていた。

「『あの一時間、外に出ていなければ』『東京にいたならまだしも実家にいたのに』という思いがずっと残っています。亡くなる直前まで私を探していたかもしれない、と思うと後悔しかありません。家族とは『また猫を飼いたいね』とは言うものの、八年たった今も飼っていません。亡くなった後は友達と遊んだり、旅行に行ったりして普通に過ごしていましたが、まだ立ち直っていないのかもしれません」

このあかねさんのエピソードは、個人的に身につまされるものがあった。私も一〇分の「寄り道」でミントの死に目に会えなかったからだ。ちなみに死亡時の状況についてのアンケートの回答のうち、最期を看取ることができた人は二二名、看取れなかった人は一一名だった。看取ることができた人がこれほど多いのはちょっと意外だったが、リモートワークの普及の影響も大きそうだ。

ただあくまで個人的な感想だが、「看取れる」にしても「看取れない」にしても、彼らは逝くタイミングを選んでいるように思う。以前は「ミントはなぜオレが帰るまで、待っていてくれなかったのだろう」とちょっと恨みがましく思っていたが、今となってはそれでよかったんだ、と納得している。本当はもっと早く逝っていたはずなのに私が帰ってくる寸前まで頑張って生きていてくれたのだ、と考えるべきだと気づいたからだ。

「甘えん坊のカンタは、人の手ですくった水しか飲まなかったり、ペットフードの好き嫌いもありましたが、今となってはそれが一番思い出に残っています」

カンタもまた最期の瞬間まで生の炎を燃やし尽くしたのだと思う。

「守り神」のような猫

寄せられたアンケートの回答は、いずれも純粋な悲しみと温かな愛情とが交錯し、読んでいるだけで鼻の奥がツンとしてくるのだが、とりわけ深く感銘を受けたのは、ユウコさん（四〇代、東京都在住）と茶トラの雑種の猫「シンバ」の出会いと別れだ。

結婚間もない頃、「猫を飼いたいなぁ」と思っていたユウコさんのもとに、その猫はいきなりやってきた。野良猫の母親から産まれたものの、生後間もなく母猫やきょうだいとはぐれてしまったのを、小学生が保護し、動物病院に持ち込まれたのだという。

「私が猫を飼いたがっているのを知っていた夫の弟がもらってきたんです。まだ心の準備はできていなかったのですが、これもご縁と思って、我が家に迎えることにしました」

スワヒリ語でライオンを意味する「シンバ」は、かつてユウコさんが一人でアフリカにサファリ旅行に出掛けた際に響きが気に入った言葉だった。茶トラの柄はライオンの子どものようにも見え、その堂々たる風格の仔猫に、その名はピッタリなように思えた。

「私にとって、シンバは愛しい子どもで恋人で親友で守り神。シンバを抱っこしていると、腕に世界を抱いているような気がしました」とユウコさんは微笑む。

一緒にシンバを迎えた夫とはその後、不幸な形で別れることになり、三歳の娘と四歳のシンバとユウコさんとの生活が始まった。

「当時、私は心身に不調を来たし、うつ病に近い状態で休職や入院などを繰り返して、かなり不安定な状態だったのですが、いつも傍にはシンバがいてくれました。離婚と一人での子育てに不安や悲しさを覚えたときには、シンバが面白い動きをしてたくさん笑わせてくれたり、そっと寄り添ってくれました。子育てもほとんどシンバがやってくれたような気がしています。シンバに似て鷹揚で明るい子に育った娘は『人生で必要なことはすべてシンバから学んだ』と言ってるくらいですから」

仔猫の時代から一八年もの間、シンバはユウコさん母娘の人生を見守り続けたまさに「守り神」のような猫だったのである。

今でも思い出すシンバとの思い出を尋ねると、とめどなく、幸福な場面の数々が溢れだした。

・ベランダでヤモリやセミを捕まえてきては、頭と尻尾だけ残して食べるやんちゃな姿。
・外にいても「シンバー」と呼ぶと、首輪につけた鈴をチリンチリンと鳴らしながら、すぐに「ただいまー」と言わんばかりに飛んで帰ってきてくれたこと。
・娘を保育園に送っていくときには、私たちの横をまるで犬みたいについてきて、娘を預けている間は近くの空き地で待ち、帰りはまた私と一緒に帰宅してくれたこと。
・お風呂に入ってきて、尻尾の先だけを湯舟のお湯につけるのが好きだったこと。
・トイレの砂かきが仔猫のときから下手で、一生下手だったこと。
・日向と日陰の境目で昼寝をするのが好きだったこと。
・機嫌の良いときは、トレードマークのカギ尻尾をパタンパタンと揺らして気持ちを伝えてくれたこと。

こうした鮮やかな記憶の断片が語られるとき、シンバに会ったことのない私の脳裏にも、活き活きとしたその姿が鮮やかによみがえり、思わず胸が熱くなった。

「穏やかな最期を迎えられると思っていた」

一八歳になったシンバをいつしか病魔が蝕んでいた。

「亡くなる数カ月前から食欲と体重が落ち、心配していたのですが、あるとき呼吸が荒くなっていることに気づきました。たまたまいつも通っていた病院が定休日で、別の病院に駆け込みました。それが亡くなる一週間前です」

その病院で初めて「心臓に穴が開いているかもしれない」と指摘され、さらに肺炎の兆候が出ているとも言われた。急遽、心臓の治療を始めようとしたが、その日を境にシンバの体調は坂道を転げ落ちるように悪化していく。

「亡くなる四日前に、これが最後のお散歩になるかも、と思いながら、私と娘と一緒にいつもの散歩道をゆっくり歩きました。苦しいはずなのに、堂々と一歩一歩踏みしめるように歩く姿が立派で、やっぱりライオンの王様だな、と改めて感じました」

その後、ますます呼吸が苦しそうになり、少しでも楽になるようにユウコさんは酸素室をレンタルするが、それでも時間単位で弱っていく。最期のときが迫っていた。

最期を迎えつつある動物は食餌も水もとらなくなるが、シンバは必死にスポイトから高栄養ミルクを少しずつ、飲んだ。

「シンバ、グッジョブだよ。飲んでくれてありがとう」

ユウコさんたちがそう声をかけると、弱った身体なのに、たくさん尻尾を振って、返事をしてくれた。

「亡くなる数時間前まで水で濡らした私の手を舐めて水分をとってくれました。最期はとにかく苦痛や痛みをとってあげたかったのですが……」

病院から渡された鎮静剤はあまり効かず、シンバは酸素室の中でも呼吸困難に陥り、苦しそうな顔でどこにいけば息ができるのか、とフラフラと動き回った。

「私が自分の手で殺してあげたい、と思いましたが、それもできませんでした」

そしてシンバはバタンと倒れ、心臓発作のようなものを起こして逝ってしまった。

「穏やかで明るい子なので、穏やかな最期を迎えるものと勝手に想像していました。息ができなくて苦しむ姿を見ていることしかできなかったこと、最期に酸素室から出してあげられなかったことがとても辛かったです」

「ママ、死神みたいだった」

亡くなった直後は、大泣きする娘のケアで、自分はあまり泣けなかったというユウコさんは、とにかくシンバをしっかりと見送ることだけを考えた。シンバの身体を抱きかかえて好きだった散歩道をめぐり、好きだった布や木の皮などを用意し、最後に三人で一緒に寝てから、火葬したという。

「それからがきつかったです。一人で家にいると淋しくておかしくなりそうだったので、ずいぶん外をフラフラと歩きました」

そんなある日、娘からこんなことを言われた。

「今日、外で歩いているママを見かけたけど、怖くて声をかけられなかった。死神みたいだった。ママじゃなかったら、この人、自殺するかもしれない、と思って通報していたかもしれない」

ユウコさんはシンバの死後もご飯と水を用意し続けていた。

「今思うと、シンバの死を否定して、この世に引き留めようとしていたんだなと自分で感じます。死神は生者を死後の世界に連れて行きますが、私はいわば逆の死神で、死者を無理矢理この世に取り戻そうとしていたんです」

そのせいか、シンバが亡くなってからしばらくは不思議なことが起こったという。

「シンバが使っていた猫ベッドにいきなり青いフレッシュな草が数本置いてあったり（いったいどこからその草が来たのか不思議としかいいようがないです）、どこからともなくシンバがのどを鳴らすゴロゴロという音が聞こえてきたり、『あ、今ここを通ったな』という空気感を感じることがありました」

一方で、一緒に過ごしたほとんどの時間は明るく楽しい思い出のはずなのに、最後の苦しい一週間のことばかり思い出してしまうのは、シンバに対して申し訳ないという気持ちも生じてきた。

「シンバがここまで私たちを守って前向きに人生を歩ませてくれたのだから、これからも明るい我が家を守っていかなければいけないと感じました。それがまたなかなか難しいんですけど……」

死神状態はさすがにマズい、と感じたユウコさんは、ペットロスの経験のある三人の友人に連絡をとり、自身が抱えている辛さを共有してもらったという。

「骨壺を抱いて寝たというようなそれぞれの体験を聞くことで、自分の辛さが理解されたように感じましたし、自分だけではないということがわかり、とても救われました」

友人の一人は次のようなメッセージをくれた。

〈いつもいた場所にいない空虚感、いつも感じていた温もりがいない淋しさ、シンバが使っていた物、一本一本の毛や匂い、何もかもが、彼がいないことを思い知らされるものだけれど、一緒に過ごした楽しい思い出を回顧しながら存分にシンバを想うとよいと思う。

人生の山あり谷ありに変わることなく一緒に寄り添ってきたシンバを失うことがどれほどつらいことか。生まれた時から一緒に育ってきたシンバのいない家がどれほどつらい空間か。ゆうこちゃんとはーちゃん（ユウコさんの娘）を思うと胸が張り裂けそうだよ。シンバもわかっていて、しばらくは立ち直るまではすぐそばで見ててくれてるかもね〉

同じ経験をした友人の言葉は、前を向く力になったという。

毎日、シンバのうんちを見にいった

では、ユウコさんは、具体的にどうやってシンバを失った衝撃と向き合ったのだろうか。

闘病生活に入ってから、あっと言う間に逝って、骨になってしまったのが寂しくてならず、家の中でもシンバの痕跡を探し回ったという。

「シンバのトイレを改めてのぞいてみたら、おしっこが猫砂で固まってボール状になっているのを見つけたんです。掃除する時に見落としていたんだと思うんですけど、そのオシッコ玉をどうしても捨てる気にならなくて。それから寝床からヒゲを二本、爪研ぎの付近から、剝がれた爪のさやを二つ見つけることができました。それを容器に保管し、ときどきそのヒゲを手に持って、自分の鼻をくすぐったりしています」

そうすると「もういないんだ」という淋しさも湧きあがるが、立派なヒゲを見ていると、シンバはその猫生を立派に全うしたんだ、と自分に言い聞かせられる気がした。

また、ユウコさんは思いがけないことを教えてくれた。

「実は毎日、シンバのうんちが風化していくのを見ていました」

それはシンバが亡くなるちょっと前のこと。空き地に散歩にいったとき、シンバが小さなうんちをしてしまった。それを回収しようとしたときにリードを引っ張られたため、そのまま回収しそこねていたことを、ユウコさんはシンバの死後に思い出したという。

「そのうんちが風化していく様子を見ていたら、自分も死を受け入れられるようになるのではないかと思ったんです。マナー違反で申し訳ないのですが、わざと回収せずに、毎日眺めにいっては写真を撮っていました」

そのうんちにダンゴムシやアリがつき、だんだん水分が抜けて、縮んでいき、自然界の営みの中へと還っていく様子を見ていると、不思議と心が癒された。「自然に還っていってえらいよ。いいね、いいね」と、シンバのうんちに声をかけた。そのうちにその空き地の雑草が刈られてしまい、うんちも一緒に消えてしまった。

「毎日うんちを見て話しかけたり、おしっこをいつまでも捨てなかったり、我ながら頭がおかしいな、と思いますが、ペットロスの生の体験としてお伝えさせていただきました」

そう言って笑うユウコさんの手元には、「ミニシンバ」がいる。ユウコさんはシンバが亡くなる二、三年ほど前から毛すきをしたときに抜けた毛を保管していた。

「お別れが近づいていることを薄々感じていたのかもしれません」

シンバの死後、その毛を使って「猫毛フェルト」の小さな指人形のようなマスコットとして、「ミニシンバ」を娘に作ってもらったのだという。

「このミニシンバと一緒に好きだった散歩道、森、草原を歩いたり、花見にいったり、あちこち連れ歩いてますね。何となく無意識にそうしていましたが、思い返すと、最期に酸素室から出してあげられなかったことが心残りで、大好きだったお外に連れ出して、気持ちのいい空気や緑に触れさせることで、供養しているのかもしれません」

ユウコさんの話に私は深く共感する。私はマスコットこそ作らなかったが、妻がミントが亡くなる前から、ブラッシングした後にブラシについた毛を集めて、木箱の中に保存していた。その大きさはまさに「ぬいぐるみ」ぐらいあり、ミントの死後、何かの拍子で押し入れの奥にしまいこんだその木箱が目に入ると、私はそっと取り出して、鼻を埋める。今では、「ミントの匂い」よりも、木の香りの方が強くなりつつある。

それでも木の香りの奥に、「太陽に匂いがあるとすれば、こんな匂いだろう」と思ったミントの匂いが微かに香ると、何ともいえず温かいものが胸に満ちてくる。

第5章

最後の〝備え〟は「お別れのセレモニー」

HIROHATA YUKICHI

「お別れのセレモニー」の重要性

「ペットロスへの備えとして、実は最後の『お別れのセレモニー』を納得できる形でできるかが、すごく大切なんです」と語るのは、前出のグリーフケアアドバイザーの阿部氏だ。

お墓と霊園探しの検索サイト「ライフドット」が直近三年間にペットを亡くした人たちを対象に行ったペットの供養に関する実態調査（二〇二〇年）によると、亡くなったペットの遺体の弔い方は、「民間施設での火葬」が四五・八％で最も多く、「公営施設での火葬」（二六・一％）、「自宅の庭に土葬」（一二・一％）、「民間訪問火葬業者」（一〇・九％）と続く。またペットの供養にかかった費用は、「一万円未満」が二一・〇％に対して、「一万円以上五万円未満」が三七・六％と最も多く、「五万円以上一〇万円未満」（一五・八％）、「一〇万円以上二〇万円未満」（四・八％）となっており、「高額化」の傾向が読み取れる。その結果、ペットの供養に「かなり満足している」「ほどほどに満足している」と答えた人は全体の六三・四％となっているが、不満と答えた人の多くはその理由として「あまり考えずに決めてしまったこと」を挙げている。

これは私も経験したことだが、ペットを亡くした直後でも、火葬や葬儀の手配など事務的な動きは意外とできてしまうものだ。というよりも、「やらなきゃいけないこと」をこなすことで、目の前の受け入れ難い現実からわずかな時間でも目を背けたかったのだろう、と今ならわかる。

「そうなんです。それでよくあるのは、そうして電話した葬儀屋さんに『今日の夕方なら空きがあります』と言われて、慌てて火葬してしまうケースです。それは極端にしても、お別れの時間が短すぎると後で引きずることも少なくありません」（阿部氏）

　私の場合は、「いま、逝っちゃいました」とミントの死をかかりつけの獣医に電話で報告したついでに、「どこかおすすめのペット火葬業者、ご存じですか」と尋ねて、札幌市内の動物霊園を紹介してもらった。他にもインターネットで検索したいくつかの業者にも電話して、スケジュールの空きや料金などを確認したものの、結局、電話対応の第一印象が決め手となって、紹介してもらった動物霊園で翌朝の一一時半から火葬ということになった。ミントの死を確認してからそこに至るまで、一時間も経っていなかった。翌日、結果的にこの霊園で満足のいく「お別れ」ができたからよかったのだが、ちょっと急ぎすぎたかな、とやっぱり思う。

「亡くなってからお別れのセレモニーまでの時間、心ゆくまで身体を撫でて、話しかけて感謝の気持ちを伝えることが大切です。バギーにのっけて散歩してもいい。きちんと保冷の処置をしておけば、『早く火葬しないと』と慌てる必要はありません。私も亡くなった猫と五日間、一緒にいたことがあります。当時海外にいた娘がお別れを言うために帰国したい、と言ったからです」(同前)

時間をたっぷりとって、お別れのセレモニーを共有できる人が多ければ多いほど、それは後々助けになる。我が家の場合は、東京から札幌に移住して一年でミントが亡くなったため、ミントにゆかりの人々にセレモニーに立ち会ってもらうのは難しかったのだが、夫婦二人で見送るのはちょっと寂しかった。それだけに火葬場の担当者がいかにも心のこもったお悔やみの言葉を述べてくれたことにはだいぶ救われたのも確かだ。

言うまでもなくペット斎場や火葬場の人たちは、日常的にペットと飼い主の最期の瞬間に立ち会っている。彼らの目に映っている「ペットロス」とは、いったいどのようなものなのだろうか。

日本で唯一の「神式」のペット葬祭場

札幌の市街地から西へ車で一五分も走ると、「小別沢」と呼ばれる一帯の意外なほど険しい山道に差し掛かる。小高い丘を縫うように登っていくと、真っ白な雪の中に鮮やかな赤い鳥居が浮かび上がった。〝霊峰〟木曾御嶽山を本山とする山岳信仰の神社として知られる札幌御嶽神社である。「やすらぎの丘」は、この神社に付属するペット霊園として、二〇一一年からペットの葬儀を手掛けるようになった。神職の手による神式のペット葬を行っている葬祭場は、日本では恐らくここだけだ。

プロの宗教従事者である神職がペットロスをどう見ているのか——そんな取材趣旨を快く受け入れてくれた同霊園のマネージャー、菊地敦美さんは「取材の前にぜひ、施設を見ていただきたくて」と敷地内を案内してくれた。

札幌の街を見晴らせる丘の上に広がる約一万二〇〇〇坪の広大な敷地の中に、本殿、ペット専用火葬炉を二つ備えた葬祭場、供養殿、ペット霊園などが居心地よい間隔で立ち並ぶ。とりわけペットの名が書かれた塔婆が立ち並ぶ納骨堂には、静謐な中にも、飼い主たちの亡くなったペットへの哀悼の情が満ちているようで、ちょっと圧倒される。敦美さんはこう語る。

「ペットの葬儀に立ち会うときは……今でも泣いてしまいますね。一時期はそれが自分でもすごく嫌でなるべく泣かないようにしようとしていたんですけど、どうしても泣けてしまって。いつかご遺族の方から『なんであんたが泣いてるの？』と叱られるんじゃないかと思っていたんですけど、むしろ『一緒に悲しんでくれて有難う』と言われることのほうが多くて、そのうちに『ああ、一緒に悲しんでいいんだ。泣いていいんだ』と思うようになりました」

遺族とのファーストコンタクトは、火葬の申し込みの電話から始まる。

「ごく稀に『一カ月前にペットが亡くなって、自宅に安置していたんですが、ようやく火葬する踏ん切りがつきました』という方もいらっしゃいますが、九割近くが『今、亡くなってしまったんですけど』とか『昨夜亡くなったんですけど』という方で、ペットが亡くなってからホームページなどで調べて電話を下さることが多いですね。事前に準備されている方は少ないです」

私自身もそうだったが、ペットがいよいよ危篤状態となっても、飼い主というものは、そんな中でちょっとした良い兆候を見出して、「これから回復していくかも」と一縷の望みをつなぐ。とてもじゃないが、その段階で亡くなった後のことを考えて準備するのは不可能に思える。縁起が悪いというよりも、懸命に生きようとするペットへの裏切りのように思えてしまうからだ。

「そうなんです。生前に死後の準備ができているのが理想だとは思いますが、絶対に無理なんです。私も自分の犬や猫を見送っていますが、やっぱり本当に亡くなるまで、死後の準備というのはできなかったですね。犬を亡くしたときは、既にここ（「やすらぎの丘」）に勤めていましたが、とても自分の仕事場で見送る勇気はなかったです。結局、移動火葬をやっている知り合いの方がいたので、家まで来てもらって、そこで送りました。もうメンタルがボロボロで、着替えてお化粧して外に出るという気力もなかったんです」

だから、ペットが生きているうちに葬儀のことまで「決める」必要はない。ただ「知っておく」だけでいい、と敦美さんは語る。意外と多いのが、ペットを亡くして動転したまま、市などの自治体の担当部署に連絡するケースだという。

「そこで『ペットが死んじゃったんです』と言ったら、『では動物管理センターへ持って行ってください』と言われます。そこへご遺体を持っていくと、市が委託している業者が決まった曜日に、ほかのご遺体とまとめて焼却するというシステムになっているわけですが、それを聞いて『こんなはずじゃなかった』『もっと家族とペットだけでお別れできる時間が欲しかった』と後悔される方も結構いらっしゃいます。納得したうえで選ばれたのであれば、まったく問題ないと思うのですが、そうでない場合は、やっぱり引きずってしまうことになると思います」

「悪徳業者」の見分け方

近年、とくに都市部においては、移動火葬車によるペット葬が増えてきている。移動火葬車は車内に火葬炉や排煙装置を完備し、時間さえあえば夜中でもタクシーのように自宅まで来て遺体を引き取って、そのまま適切な場所で火葬してくれる。自宅からペットの火葬場まで距離が遠かったり、運ぶ手段や時間がない人にとっては便利なことは確かだが、実はトラブルも少なくない。

例えば火葬に「適切な場所」を自前で確保している業者であればいいが、それを持たずに近くの公園や空き地などで燃やし、煙や臭いなどで近隣トラブルになる業者もある。あるいは、これから火葬という段階になって急にホームページに記載された値段以上の高額な料金を吹っかけてくる金銭トラブルも報告されている。私が以前、取材したある業界関係者はこう語ったものだ。

「移動火葬業は何の許可も資格も必要なくて、移動火葬車が一台あれば、明日からでも始められる。だから移動火葬車を扱っている車屋に『ペット火葬は儲かりますよ』と言われて『儲かるならやってみるか』と何となく入ってきた業者も正直多い。ペットに対して何の思い入れもないから、火葬した後の遺骨の扱いだって実態はヒドいもんですよ。渡されたのが本当に自分のペットの骨だけなのか、ほかのペットの骨も混じっているのか、わかったもんじゃない」

言うまでもなく、移動火葬業者がすべて悪いわけではない。むしろ大多数は良心的にきちんとやっていて、こうした悪徳業者はごく一部なのだろう。だからこそ、悪徳業者をどうやって見分ければいいのか、気になってしまうわけだが――前出の敦美さんはこう答えてくれた。

「ペット葬業者を探すとき、だいたい皆さん、ホームページなどで探すと思うんですね。そのときに分かることも結構あって、ちゃんとしたところは、なぜペット葬を手掛けているのか、その思いを書いていることが多いです。それからペット葬を本業としてやっている会社なのか、それとも本業はペットショップとか介護とか他にあって、副業としてペット葬をやっている会社なのかもある程度、分かると思います。副業のところはダメというわけではありませんが、中には『儲かるからやっているだけ』というところがあるのも事実です。あるいは葬儀を執り行う人が『動物葬祭ディレクター』などの資格を持っているのかどうか、なども参考になるかもしれません。あとは実際にいくつかの業者に電話をかけてみて、担当者の対応がしっくりきたところにするというのが現実的かな、と思います」

できるなら下調べしておくに越したことはないが、ちゃんとペットを送り出したいと願う飼い主自身の「直感」は信じるに足るものだと私も思う。

ペットが死んだら何をすればいいのか？

いざ、ペットが亡くなってしまったら、何をすればいいのか——多くの飼い主は本当にその瞬間が訪れるまで、そんなことは考えないものだ。だが以下で述べるようなちょっとしたことを知っておくだけで、焦って悪徳業者に引っかかるリスクを下げることにも繋がるはずだ。

恐らく飼い主がもっとも戸惑うのは「遺体をどうすればいいのか」ということだろう。

「ご遺体が傷まないようになるべく涼しい場所に安置し、保冷剤や氷を腹部にあててください。ご遺体から体液や排泄物が出ることもありますが、それは自然なことです。頭の下にタオルを入れて、頭を高くしてあげて、お顔やお尻の下にペットシートを敷いてあげて

ください」（敦美さん）

死後硬直は二時間ほどで始まるので、その前にできるだけ前・後肢を胸の方へ優しく折り曲げ、可能な範囲でまぶたや口を閉じ、安らかな姿で安置しておく。

「業者に電話するのは、ここまでの措置をして落ち着いてからで大丈夫です。夏場はどうしても遺体が傷みやすいのでなるべく早く火葬されることをお勧めしますが、冬場であれば、ゆっくり最後の別れをしてからでも遅くはないと思います」

　これを知っておくだけでも、死後すぐの「とにかく火葬の手配をしなきゃ」ということで頭がいっぱいになりがちなパニックの時間をやりすごして、「どういう風に送り出したいか」を冷静に見つめ直すことができるのではなかろうか。

「葬儀の場には、ご用意できるようなら、遺影となるお写真と、お供えものとして好物の食べ物などをお持ちいただくといいと思います」

　そして火葬の後に「収骨」となるわけだが、実はこのタイミングが重要だと敦美さんは言う。

「中には『骨になった姿を見たくない』と収骨をパスされるご遺族もいらっしゃるんですが、私が見る限り、どんなに悲しんでいた方でも、いざお骨になったのを目にすると不思議と落ち着かれるんです。ひとつの区切りと言うか、自分の手で愛するペットの骨を拾いながら、その現実を理解していく大事なプロセスなんだと思います。だから私も一緒に収骨しながら、『どんな食べ物がお好きだったんですか』『お散歩が好きだったんですか』という風にあえてお声がけするようにしています。すると、それまで暗い顔をされていたご遺族も、ちょっと笑顔になって、亡くなったペットのことをお話ししてくれるんです。『ペットが亡くなって悲しいですよね、わかりますよ』という感じじゃないですね。とにかく楽しかった思い出を語っていただいて、それを聞くことに尽きます」

「やすらぎの丘」がユニークなのは、火葬の前に神職が一五分ほど祭詞を奏上する「神葬祭」を無料で執り行っている点だ。火葬の際にお経をあげてくれるペット斎場もあるにはあるが、普通は有料オプションという扱いなだけに、無料というのは相当珍しい。

「うちも有料でやっていたこともあったんですが、そうすると皆さん、『じゃあいらないです』となるんですね。私たちとしては、やっぱり神職の手による供養として体験していただきたいので、火葬プランの中に入れる形で実質無料ということにしたんです。実際に体験していただくと『こんないいものだとは思わなかった』と皆さん言ってくださいます」

神職が見た「ペットロス」

神職は、いうなれば「生死の世界」のプロである。

その神職の目に、「ペットロス」はどう映っているのだろうか。

「（葬儀の）予約のお電話をいただいた時から、『この方は悲しみが深い方だな』『そこまでひどく悲しんでいるわけではないな』というのはわかります」

そう答えるのは、同斎場で「神葬祭」を執り行う神職の菊地康予さんだ。ちなみに康予さんは、前出の敦美さんの義姉にあたる。その話しぶりは畏まったところがなく明るく朗らかで、ここで葬儀を挙げた人たちの中には、とくに用事はなくとも康予さんに会いに来る人がいるというのも頷ける。

「ペットを亡くされた方が一〇〇人いたら、一〇〇通りの悲しみの形があって、一人ひとり、必ず違います。別れ方も様々ありますよね。天命を全うした子もいれば、事故だったり急な病気だったり、飼い主さまにしてみれば理不尽に思える最期だった子もいるわけです。あるいは同じ家族でも、そのペットとのかかわり方の度合いや思い入れも違う。そうした様々な要因が絡まり合って、ペットロスが深くなる方もいれば、わりと早めに立ち直られる方もいるんだと思います」

　そうした遺族に対するとき、神職としてどんなことを心がけているのだろうか。

「まず、そのペットとはどんな出会いだったのかな、というところからお聞きしたい。それからどんなお別れだったのか。やっぱり最期の場面では皆さん、いろんな思い出がありますから、ポロポロと心の中に溜まっているものを吐き出していただくんです。そういう思いをお聞きすることによって、私の方も祭詞の中に自分の感情が入ってくるんですよね。ご遺族の悲しみが深いと、それに感応するように自分も祭詞をあげながら泣いていることもありますし」

　逆にまったく涙が出ないこともあるという。

「不思議なんですけど、祭詞をあげながら『あぁ全然悲しくないな』と感じることもあります。これは何もその飼い主さまが冷たいとか、悲しんでない、ということじゃないんです。命の尊さはわかって悲しんでいるんだけど、そのうえで、その子の死を受け入れて、その御霊《みたま》さまが早くあちらの世界にいって神様の懐に抱かれることを願うような考え方なんだと思うんです。そういう飼い主さまのそれぞれの状態に寄り添えるように、まだまだ私も勉強中の段階なんですけど」

一方で「でも、本当に辛いのはお葬式の後なんです」と康予さんは言う。

「お葬式のときは皆さん、気丈に振舞われるんです。ちゃんと送り出してあげたい、と気が張っていますから。でもお骨を拾って、家に帰ってちょっと落ち着いたら、普段家の中を駆け回っているあの姿がない。声をかけても返事もない。そこで虚無感だったり、虚しさだったりが、心の襞を打つように襲ってくる。それが毎日来る。それがお辛いんじゃないか、とお察しします。その状態から、五十日祭、百日祭のころには何とか立ち直る人もいれば、何年も引きずってしまう人もいます」

「感謝」の念を持てるかどうか

ペットロスが「重くなる人」と「そうでない人」、両者を分けるものは一体何なのか。

「やっぱり『感謝』なんですよね」と康予さんはちょっと意外な言葉を口にした。

「神道の世界でいえば、命に対しては人様もペットちゃんも変わりなく、みんなこの世に神様から命を受けて派遣されている。生まれるっていうことは、死に直面して毎日毎日、生活しているということで、自分の生をまっとうするために『生老病死』がつきまとうわけです。その中でいろんなことを体験して学ばせていただいている。ペットからも命の尊さというものを計り知れないぐらい教えていただいている。人もペットもいつかは必ず命が尽きて、次のステップの世界に行かなきゃいけない時が来ます。そのときにどんな形であれ、生を全うする姿を見せてくれて、命の尊さを学ばせてくれたペットへの『感謝』の念を持てるかどうか、だと思うんですね」

　これはとても重要な言葉だと思う。自分自身のペットロスを振り返ってみて気づくのは、ペットを亡くした悲しみのベクトルは、ともすると自分の内面へ、内面へと向かいがちという点だ。それ自体は悪くないし、ペットの死を受け入れるために必要なプロセスだとは思うが、度を過ぎると「悲しんでいる自分を自分で憐れんでいるだけ」ということになりかねない。そこに欠けているのは、まさに最期の時間まで一緒に過ごしてくれたペットへの「感謝」ではないだろうか。

「飼い主さまは、『最期は治療をやめて、家でゆっくりさせてあげればよかった』『仕事で最期の瞬間に立ち会えなかった』とか、誰もが何かしらの後悔を抱えていて、自分を責めることが多いのですが、お話を聞けば、皆さん、精一杯やってらっしゃるんです。死に目に会えなかったとしても、それがそのペットの飼い主さまへの愛情であり、意味があることなんです。だから自分を責めないでくださいね、とお伝えするんです。私が感じるペットの御霊さまには、飼い主さまへの感謝しかありません。ですから、飼い主さまも出会えたことの『感謝』を伝えればいいんだと思います」

そして、こう付け加えた。

「私はペットロスを癒すのは、新しいペットちゃんだと思っているんです。私が見ている限りでは、一番最初に飼った子は、ほぼ例外なく、お行儀がよくて、いい子ばかりなんですよ。で、次に迎えた子は、前の子とは全然性格が違うのが普通で、無邪気でやんちゃでちょっと出来が悪い（笑）。そういうものなんです。そうやって代々のペットちゃんが飼い主さまにいろいろと教えてくれている。学ばせてもらっているのは飼い主さまの方なんですよね」

「目に見えない」世界の出来事

ペットを亡くした飼い主に取材を続けていると、亡くなったペットをめぐるちょっとしたスピリチュアルな体験や、不思議な体験を明かされることがよくある。

例えば前出のアンケートで、masae さん（四〇代、北海道在住）は、シーズーの「マロン」を一四歳で亡くした後の出来事をこう書いている。

〈しばらくは不思議なことに、いなくなったのに何度も気配を感じていました。夜中に布団の中でウトウトしていると、一緒に寝ているような感じがしたり、枕をホリホリされたりしていました。旅行先のホテルで（マロンが）歩き回る足音を、母も一緒に聞いています。このように見えなくても感じられたので、私も前を向けたのかもしれません〉

ここで重要なのは、その存在を感じることで「前を向けた」ということだろう。

「やっぱり（葬儀で）祭詞をあげているときは、ペットの御霊さまの存在を感じています」という神職の康予さんは、こんな不思議な体験を語ってくれた。

「供養のときにペットの写真を持ってきていただくんですが、供養を終えて、何気なくその写真に目をやったら、その中に別のワンちゃんの姿が見えたことがあったんです。それで飼い主さまにその特徴を伝えて『前にこんなワンちゃん、飼ってなかった？』と聞いたら、『飼ってました』。それで『その子はこんな風には供養してないですよね？』と聞いたら、『しませんでした』と。『ああ、この子も供養してほしかったんだね、ここに（御霊さまが）いらっしゃるよ』とお伝えして、結局供養しなおすことになりました」

祭壇に置いてある神鏡にその姿が映ったり、室内に風が吹いたりという形でサインを送ってくることもあるという。

「御霊さまも何か伝えたいことがあるんだと思うんです。所用があって五十日祭などの供養をできなかった飼い主さまが『昨晩あの子が夢に出てきて、おしっこを漏らして困ってたんです』と仰って、後から供養しなおしたということもありました。あるいは供養の前日、見知らぬ犬が私の夢の中に出てきて、翌日、飼い主さまが持ってきた写真を見て、『ああ、やっぱり昨日の子だわ』とか、そういうことはよくあります」

　ペットが亡くなった後も飼い主との繋がりは生き続けるという。

「飼い主さまが感謝の念を持って、ペットの御霊さまが次の世界に行けるように祈れば、御霊さまもそれをよくわかってくれて、『一〇倍返し』でお返ししてくれます。あるとき、祭詞をあげていたら、そのペットの御霊さまが何か仰っているんですね。どうも飼い主さまの健康状態のことを気にしておられる様子だったので、葬儀の後で飼い主さまにそう伝えて『病院に行かれた方がいいかもしれません』と申し上げたんです。後日、飼い主さまから『あの後、病院に行ったら、初期のガンでした。発見が早かったので事なきを得ました』というご報告がありました。それだけ関わりが深かったから、御霊さまも大事な飼い主さまを助けたかったんだと思います」

　お別れのセレモニーによって、亡くなったペットに自分たちの感謝がちゃんと伝わっているのだとしたら、これほど気持ちが救われる話はない。

敦美さんと康予さんの取材を終えて、時計をみるといつの間にか三時間ほど経っていた。

「取材が今日でよかったわ。昨日だったらすごくバタバタしていて、とてもこんなにゆっくりお話しできなかったから」と康予さんが言うと、傍らの敦美さんも頷いた。

「本当ですね。いつもだったら電話ぐらい鳴るのに。この時間はびっくりするぐらい静かで……」

その途端、事務所の電話が鳴った。「ほらね」と康予さんが笑う。

「(御霊さまが)そういう風にしてくれたんだと思いますよ」

こういうことはやっぱり「よくある」のである。

第6章

ペットを亡くしたら
花を飾ろう

HIROHATA YUKICHI

ミントを亡くしてから二日後、火葬で送り出した翌日、何の前触れもなく自宅に花が届けられた。送り主は、東京にいた頃、通っていたワインショップのオーナー、Ｋ夫妻だった。Ｋ夫妻も二匹の犬を飼っている愛犬家だったこともあり、そのワインショップはペットフレンドリーで、ミントの散歩の途中によく立ち寄っていた。そんなときお二人は常に大歓迎してくれ、ミントもまたこの店の前にさしかかると当然のように、入口へと向かったものだ。だからミントが亡くなった直後、Ｋ夫妻にはそのことを伝えていたのだが、悲しみの波をやりすごすのに精一杯の二日間で、そんなことはすっかり忘れていた。それだけにいきなり玄関先に届けられた花の鮮やかさに、思わず声が出た。

リビングの一角に置いたミントの骨壺のそばに花を置くと、グレー一色だった世界が少し色を取り戻したのがわかった。花にはカードが添えられていた。

「ミント君のこと、忘れないよ！」

これはミントを亡くしてみて初めてわかったことだが、ペットを亡くした人が最初に苦しむのは、「もう自分たち家族以外の誰も、あの子のことを忘れてしまう」という思いだ。本当は親しい友人や動物病院の医師やスタッフ、ペット仲間なども、その死を知らされた人たちは悼んでくれているはずなのだが、自分たちの悲しみに押しつぶされているときは、そのことに気づかないものだ。だからこそK夫妻が花とともに送ってくれたメッセージは、ストレートに胸に響いた。

同時にミントがいなくなってぽっかりと空いた空間を、色とりどりの花がたとえわずかでも物理的に埋めてくれることに気づいた。その微かな芳香にも、心を落ち着かせてくれる効果があった。

ペットロスには花が効くのだ。

本書の執筆にあたって、改めてペットロスに関する新聞や雑誌の記事を読み漁っているうちに〈ペットの最期、花で送る〉と題した記事が目に飛び込んできた。

〈家族の一員であるペットが亡くなったとき、たくさんの花で包んで天国へ送ってあげたい――。そんな飼い主の愛情を花に託した「ペットおくりびと札幌　ミルル」が四月中旬に設立されました〉（『北海道新聞』二〇一九年七月一二日付）

記事によると、自身も愛猫をわずか一歳で亡くしてしまった花屋のオーナーが、自身の経験をもとに、亡くなったペットをたくさんの花で包んで送り出す新たなサービスを始めたのだという。

彼の名は、佐藤花光さん。自らの名前を冠した「花屋さとうはなみつ」のオーナーフローリストである。

札幌市内の幹線道路、山の手通りに面したその店は、偶然にも私の自宅からさほど遠くない場所にあった。これまで何度もその前を通りすぎながら気づかなかったのは、一見したところ花屋というよりは、ブティックのようにも見える瀟洒な外観ゆえだろう。

綺麗に片付けられた二階の作業スペースに通されると、「すいません、こんなところで」と言いながら佐藤花光さんが現れた。その名前のイメージ通りの、明るいブロンドの髪が印象的だ。

キャリア三〇年で初めて気づいた「花の力」

既に触れた通り、そんな佐藤さんが「ペット花の葬儀札幌　ミルル」（「ペットおくりびと札幌　ミルル」より屋号変更）を始める原点となったのが、自らの愛猫の死だった。

「二〇一八年に保護施設から三匹の兄弟猫を引き取ったのですが、そのうちの一匹に先天性の心臓疾患が見つかったんです。心臓の弁が奇形で、手術もできない。動物病院も三、四軒まわりましたが、どこも結果は同じで、基本的に延命治療しかできない、と言われて……。その子が『ミル』でした」

心臓の弁が機能しないため、体液が逆流して肺などの内臓に溜まってしまう。「延命治療」とは、週に一回、管を入れてその体液を抜くことだった。心臓に強いという評判の動物病院までの車で三〇分の道のりは、佐藤さんにとってもミルにとっても辛いものだった。

「あの車での時間は本当に嫌でしたね。それでも〝水〟を抜いてあげた後は、少しは動けるし、家でもちょっと元気になるので、『ああ、よかった』と思うんです。毎日、朝起きて、『今日は生きているかな』とドキドキしてのぞき込むような日々だったんで覚悟はしていました」

結局、病院に通い始めてから三カ月ほどで、ミルは天国へと旅立った。夜中に容態が急変し、その死を看取れたのは佐藤さんの妻、恵さんだけだったという。

「妻に知らされて、ミルの遺体を見ながら、最後にミルへの愛情や感謝をどうやったら伝えられるんだろう、と考えていました。当たり前ですけど、やっぱり遺体って毛艶も落ちるし、『生気』がないんですよ。うちのミル、最期、すごい痩せちゃったんで」

そう語る佐藤さんの目には光るものがある。

「ふと気が付くと、妻がミルの遺体の周りを花で囲んでいたんです。彼女も一緒に花屋をやっているので。それを見たときに、『あぁ』と思いました。痩せこけたミルの遺体をお花でちょっと彩ってあげると、まるで花の生気をまとったように見えるんです。花が一緒だと、本当に夢の中で眠っているようで、悲しみの中でもちょっと救われた気がしました」

火葬の日まで二晩、ミルは花に囲まれて眠り続けた。もともとはミルのために手向けた花だったが、それが自分たちにとっても救いとなっていることに気づいた。

「僕は花の仕事を三〇年やっています。これまでお供えのお花もさんざん作ってきたんですが、誤解を恐れずに言えば、よくわからないまま作っていたのかもしれない。綺麗な花を作ろうとはしていましたが、実はそれ以上の意味があった。花のいいところは、亡くなった人への感謝だけでなく、その家族や周りの人をも巻き込んで癒す力があるんですよね。ミルの死をきっかけに『死と花』ということを真剣に考えるようになりました。人が亡くなったときに花を手向ける風習が古い時代から世界中にあるのは、自然なことなんだな、と改めてわかったような気がしたんです」

ちなみに、イスラエル北部にあるカルメル山の中石器時代（約一万五〇〇〇年～一万一六〇〇〇年前）のナトゥーフ人の遺跡には、墓にラベンダーなどの花が供えられた痕跡があり、一説によると、これが人類が死者に花を手向けた「最古の例」とされている（『ナショナル・ジオグラフィック』公式サイト、二〇一三年七月三日）。佐藤さんはこう続ける。

「自分が一番得意としている花を飾ることでミルへの感謝の気持ちを伝えることができた。今だって思い出すと悲しいんですが、最期の姿があの痩せこけた身体だけではない、というだけで、救われたのも確かです。ペットとのお別れに際して、僕と同じ気持ちになる人はきっといるはずだから、そういう人たちのために、僕ができることがあるんじゃないかと考えるようになりました。ミルが教えてくれたんです」

日本中で誰もやったことがないサービス

これまでも、ペットを亡くした友人や親族のために「花を贈りたい」という依頼はよくあった。あるいは火葬のときに添える花を、という注文もあった。だが佐藤さんが考えたのは、佐藤さんのような花のプロがペットを亡くした家庭に直接出向き、その遺体のまわりを綺麗に花で飾って送り出すというサービスだった。調べた限り、日本全国でそのような試みをしている花屋はなかったという。

こうしてミルの名にちなんで「ペットおくりびと札幌　ミルル」（当時）を立ち上げた。誰もやったことがないサービスだけに、迷ったのは値段設定だった。

「すごく迷いましたね。僕がミルを送り出したとき、火葬の代金は確か一万八〇〇〇円でした。僕は二万円を封筒に入れて、火葬業者さんに渡したんですが、お釣りは受け取らなかったんです。ミルとの最期のお別れが、二万円を払ってお釣りが来る金額に換算されてしまうようで、イヤだった。一言でいえば、僕のミルに対して最期に注ぐ愛情は、そんなに安くないのに、と思ったんです。じゃあ、一〇万、二〇万なら納得するかというと、それもちょっと違うかな、と」

　結局、ペットの大きさによって料金は異なるものの、五キロ以下の小型犬や猫の場合、花送り＋個別火葬＋収骨で四万二九〇〇円と設定した。このプランの場合、佐藤さんらスタッフがペットを亡くした依頼主の自宅に出向き、三〇分ほどかけて花を一本ずつ水を入れた専用容器に挿して、ペットの遺体の周りを飾っていく（花送り）。その後、スタッフはいったん辞去し、提携する火葬業者の移動火葬車による個別火葬とお骨上げを経て、収骨するまでがセットとなっている。

「最初の頃は、火葬業者との繋がりもありませんから、札幌市内の業者さんにかたっぱしから電話しました。全然話を聞いてくれないところもあったし、ものすごい上から言われたこともありましたね（苦笑）。そんな中で今、提携している業者さんは、すごく親身になって話を聞いてくれたんです」

初めての「花送り」の依頼があったのは、サービスを始めてから二カ月ほどたった二〇一九年六月のことだった。

「ワンちゃんでした。当然ながら僕らも『経験ゼロ』なんですが、『今日が初めてなんです』なんて言うと、お客さまが不安に思われるかもしれないので、それは言えない。ご自宅に伺う前に、何度も何度も頭の中でシミュレーションしていきました。それでも、花のプロとして粛々と仕事をするべきなのか、それともご家族とお話ししたほうがいいのかもわからなかったですね。青いアジサイを入れたのを覚えていますが、手も震えていたと思います。飼い主さんの方から『この子はね』という話になって、その深い愛情が伝わってきて、飼い主さんと同じくらい泣いて帰ってきました」

その依頼主からは、その後、一周忌の花の依頼があったという。

「一年前と同じ青いアジサイを、とのオーダーだったんですが、あいにくちょうどいいものがなかったので、ピンクのアジサイでアレンジメントをつくり、青いアジサイの切り花をプレゼントとして一本だけ持っていきました。お客さまと少しお話ししたら、一年経ってもやはり悲しみが癒えることはなく、まだ毎日思い出して涙がこぼれることもあるそうです。それでも『最近はテレビや街中でワンちゃんを見ると微笑ましい気持ちになれるようになったんですよ』とお話ししてくださいました」

「今でも泣いて帰ってくることがほとんどです」

またあるときは、こんなこともあった。

依頼主は、一七歳のトイプードルの男の子を亡くした夫婦だった。

「いつものように持参したバスケットにワンちゃんを横たえて、『花送り』を始めると、旦那さんが『すいません、もう一度抱っこしていいですか？』と。もちろんです、と場所を替わって、旦那さんがワンちゃんを抱きあげて、奥様が写真を撮られました」

「花送り」の作業を終えて、翌日の火葬について話していると、ご主人から「このバスケットに入ったまま火葬されるんですか」と質問があった。佐藤さんが「火葬のときは、バスケットからご遺体と花だけを出します」と伝えると、ご主人はほっとしたようにこう言ったという。

「では、明日の火葬のときにも抱っこできますね」

短い言葉の中に深い愛情が伝わってきて、佐藤さんの胸を震わせた。「花送り」を始めて四年が経ったが、「今でも泣いて帰ってくることがほとんどです」と佐藤さんは苦笑する。

「花送り」の仕事は、最初の依頼の電話を受けたときから始まっているという。

「当たり前なんですが、ご依頼の電話は常に急なんです。朝お電話をいただいて、その日のうちにうかがうことがほとんど。ですから最初のお電話で亡くなったペットがどんな子だったのか、種類や大きさはもちろん、男の子だったのか、女の子だったのか、色や名前なんかを聞いて、勝手にイメージを膨らませて花を用意します。例えば黒いワンちゃんだったら、ちょっと白っぽいお花を、とか。あとは季節感ですね。春はサクラが少しでも入ると喜ばれるし、夏はひまわりとかですね。リクエストをいただくこともあります。『よく赤い服を着ていたから、赤いお花を』というご依頼があって、そのときはカーネーションとグロリオサを持っていきました。人間の葬儀ではまず使わない花ですが、ペットの葬儀では、そのお花をその子に届けたいという思いをダイレクトに出していいと思います。その子のフィナーレを飾る花ですから、僕らもそのときお店にあるいちばん綺麗な花を、気持ち多めに持っていきます。結局、余らせることなく全部入れて帰ってくるんですけど」

「こんな子かな」とイメージを膨らませて持っていった花で「花送り」を行うと、依頼主は「うちの子のイメージにぴったり」と驚くことがほとんどだという。

ペットを亡くした家に最初に足を踏み入れる

　私が佐藤さんの仕事に興味をもったのは、佐藤さんがペットを亡くした直後の家族に接する第三者として、日常的に仕事をしているという点にもあった。通常、動物病院の医師やスタッフでさえ、ペットを亡くした直後の飼い主と直に接することは稀だ。飼い主だけがペットの死後に動物病院を訪ねる理由は表向きはなくなってしまうからだ。そうなるとペットを亡くした家族が最初に接する第三者は火葬業者というケースが多いはずだが、佐藤さんはその前に、家族の自宅を訪れる。

　もっとも悲しみが濃い場所に日常的に足を踏み入れている彼は、「ペットロス」というものをどう見てきたのだろうか。

「僕らはペットロスを癒しにいっているという気持ちはないんです。ないんですけど……皆さん、よくお話ししてくださいます。こちらから『どんな子だったんですか』とお尋ねすると、初対面の僕らに対して、いろんなことを話してくれます。最後のわが子自慢、みけど、自分のペットを亡くしたショックはものすごく大きいけど、自分からは言わないということがほとんどなんじゃないでしょうか。でも、やっぱり話したいんですよ。誰かに聞いてもらうだけでいいんだと思う。僕らにしてみれば、聞いて差し上げることで重いものが少しでも軽くなるならいいな、という思いです」

ペットを飼っている人にとって、いつか来る「その日」に備えて、佐藤さんが手掛ける「花送り」のようなサービスがあるということは、ひとつの心の支えになることは確かだ。佐藤さんがこのサービスを始めて既に四年が経つが、同じような試みを行う花屋は増えたのだろうか。

「それが、僕が知る限りでは増えていません。ビジネスとして成り立つ可能性がありますし、始めた頃は、すぐに後発のサービスが出てくるかな、と思っていたので、これは少し意外でした。でも僕はペットとの最期のお別れをお花で送り出すということがもっと認知されてほしいし、広がっていってほしいと思っています。電話を受けて二時間後にお花を揃えて持っていくという仕事は、花屋さんにしかできない。逆にいえば花屋さんなら誰でもできる。そしてこれだけの人がペットを飼っている以上、潜在的にこのサービスを求めている人は日本全国にいるはずです」

あるいは佐藤さんのような業者に飾るところまで頼まなくとも、花だけを用意してもらって自分たちで手向けてもいい。実際、佐藤さんもそのような依頼に対応しているという。取材当日も、午前中に「花送り」を済ませてきたという佐藤さんは最後にこう語った。

「今日も泣きましたね。でも、うかがう度に『新しい発見』があります」

ペットを亡くしたら花で送る。その花は、亡くなったペットと飼い主を繋ぐ最後の絆になる。

第7章

アメリカにおける
「ペットロス」最前線

HIROHATA YUKICHI

「日本人は欧米の人と比べるとペットロスが重くなりやすいんですよね」

取材の中で阿部氏が口にしたそんな言葉が気になっていた。阿部氏はその理由として以下のような指摘をした。

・欧米人の多くが心の依存対象を自身の信仰する「宗教」に見出すのに対して、無宗教の人が多い日本人においては、ペットが心の依存対象となりがちである。

・また欧米においては、日常的に家族や友人とハグやキスを交わす〝パッチング（ふれあい）〟の機会が多いが、日本においては人間のかわりにペットがその対象となっていることが多い。ペットを亡くしてしまうと、そうした身体接触を伴う愛情表現の対象を失ってしまう。

・核家族化が進み、以前に比べると人間同士の距離自体も広がってしまった。相手に本音を話せず、他人に依存できない。親子でさえも距離感がある中で、依存対象としてのペットの役割がますます重くなっている。

いずれも頷ける指摘だが、前出の木村氏はこう語る。

「日本もそうですが、アメリカでもペットロスに関する論文って実はあまりないんです。私も疑問に思って、あるときペットロス支援の専門機関として知られるコロラド州立大学アーガス研究所の先生に『なぜペットロスに関する論文が少ないんですか？』と訊いたことがあるんです。するとその先生は『結局ペットロスというのはペットの死の前後のコミュニケーションの問題なので、ペットを亡くした悲しみだけに注目するのではなくて、診察の過程における獣医と飼い主の繋がりまで含めて、大きな枠で捉えているからだ』と説明してくれました。だからペットを亡くして悲しい、という状態だけを取り出したような研究はあまりしてないというわけです」

ペットロスは「死の前後のコミュニケーションの問題」という指摘は興味深い。

オレゴンから届いた一通のメール

では、欧米ではどうやってペットロスと向き合っているのだろうか——そんなことを考えているとき、私がネット上に公開している仕事用のメールアドレス宛に一通のメールが届いた。

〈はじめまして。米国オレゴン州ポートランドよりお便り差し上げています〉

差出人はポートランド在住の中田理恵さんで、私が『週刊文春』に書いたペットロスについての記事を読んでの感想をメールで寄せてくださったのである。私は知らなかったのだが、オレゴン州は犬を取り巻く環境が恵まれており、〝Dog Friendly State（犬にとって住みよい州）〟のトップに頻繁にランキングされているのだという。メールはこう続く。

〈我が家には三代目の保護犬ポーリがおりますが、二〇一九年一一月、初代の犬（Sir Riley）を亡くしたとき、自分でも予想外の状態に陥りました。「家族であり、友であり、パートナーでもあった大切な存在」に気づかされたわけですが、私だけが毎日泣いているのではなかろうか、犬を亡くしたくらいでめそめそするなんて。あの時にもっと治療ができたのではなかろうか、もっと他の方法があったのでは？　考えたらキリがなく、サポートグループの存在を知らされて、半信半疑で犬の写真を持ってグループに参加してみました〉

ペットロスの「サポートグループ」とは、どのようなものなのか。興味を持った私は中田さんにコンタクトをとり、改めて話を聞いた。

それまで犬を飼ったことのなかった中田さんが「犬を迎えよう」と思い立ったのは二〇一六年一二月のこと。当時、アメリカではドナルド・トランプ氏が大統領選に当選した直後で、抗議デモが頻発するなど物情騒然としていたこともあり、中田さんとしては番犬としての役割も期待していたという。犬の保護団体のサイトなどを閲覧する中で中田さんの目にとまったのがミニチュアシュナウザーのライリーだった。ライリーはもともとの飼い主である高齢女性がケアホームに入ることになり、家族も犬の面倒を見ることができないため、泣く泣く保護施設に連れてこられた犬だった。

「ライリーは既に一一歳の老犬で、それほど激しい運動が必要ということもなかったので、条件的にも私にぴったりだったんです」

　こうして中田家にライリーがやってきた。散歩に連れ出すと、ワンブロック（約六〇メートル）を五分ぐらいかけてゆっくりと歩く。そうやって自宅周辺を二時間ほどかけて散歩していると、中田さんとライリーはご近所でたちまち「人気者」となった。

「それまでも近隣とのつきあいはあったのですが、ライリーと歩いていると本当にたくさんの人が声をかけてくださって、まるで比較にならないほどご近所ネットワークが広がっていきました」

　老犬との初めての暮らしは、中田さんにそれまでの人生では味わったことのないような穏やかで温かい時間をたくさん与えてくれた。だが老犬ゆえに、その時間には限りがある。

「それは迎えたときからわかっていたつもりでしたが、実際には全然わかってませんでしたね」

二〇一九年一一月、一四歳になったライリーは急に食べられなくなり、そのうちに自分の足で立つことができなくなった。お別れの時間が迫っていることを感じ取った中田さんは、ライリーが横たわるベッドごと動物病院へ駆け込んだ。

「痛みだけでもとってあげたくて……。先生に『何かできることはないんでしょうか？』と聞いたら、『いろいろ検査することはできるけどいい結果が得られるかはわからない』と。グッタリしているライリーを見て、私も『ああ、もうダメなんだ』と悟って、その場で（安楽死の）処置をしてもらいました。私の手の上でライリーは息を引き取ったんです」

中田さんが当時を振り返る。

「家に帰ってみると、家がとてつもなく巨大な空間のように感じるんですね。あんなに小さな身体なのに、これほど大きな存在だったのか、と。もう本当に毎日泣いていました。たまに外に出ると、近所の人から『あれ、ライリーは？』と訊かれて、また号泣するという始末でした」

中田さんは現地で、日本からの視察研修や教育事業、国際会議やメディア関係のコーディネート業を手掛けている。犬が死んだからといって、それらの仕事を断るわけにはいかない。

「泣きすぎて目が腫れ上がって、出目金状態だったので、とにかく目の腫れを抑えるアイクリームを山ほど買い込んで、仕事のときはそれを塗りたくって、何とかゴマかしていました（笑）。でも、今思うと、仕事をしている間だけはライリーのことを少し忘れられたので、自分にとっては仕事が救いだった面はあります」

　とはいえ、家に帰れば、また泣き腫らす日々。

「とくにいつも散歩に出ていた夕方が辛くて。時間が経つのがとにかく遅いんです。で、やらなきゃいけないことはたくさんあるのに、新しいことには全然手が付けられない。ボーッとしちゃって時間の管理ができないんですね。自分でも頭がおかしくなっちゃったのかな、と思うほど。それで『これは火を使って料理は作らないほうがいい』と思って、しばらく料理もしませんでした。そもそも食べ物もロクにのどを通らなかったんですが……」

動物病院が提供する「ペットロス座談会」

見かねた友人から教えられたのが、ペットを亡くした人のための「サポートグループ」

の存在だった。

それはペットを亡くした飼い主が「予約なし、無料で」参加できる座談会で、ポートランドにあるダブルイス動物病院が場所を提供する形で週に一回、行われているという。座談会にはファシリテーター（進行役）がいて、参加者はそれぞれに亡くしたペットの写真を持ち寄って、その子の自慢や、後悔している気持ち、あるいは罪悪感などについて話していく。アメリカではアルコール依存症の治療の一環として、こうしたグループディスカッションの有効性が社会的に認知されているが、ペットロス経験者を対象にしたサポートグループは、まだ珍しいという。

「正直、最初は半信半疑でした。私もアメリカでの生活は長くても、日本人的な感覚が抜けていないので、『まったく見知らぬ人たちに自分の犬が死んじゃった、という話をするなんてヘンだ。本当にサポートになるのかしら？』と思っていましたね。目も腫れちゃって、人にも会いたくないし（笑）。それでも本当にロクに食事もできない状態になっちゃっていたので、ワラにもすがるというか、せっかく友人が勧めてくれたので、騙されたつもりで行ってみよう、と」

それぞれのペットの写真を手に動物病院の会議室に集まったのは、年齢も性別も経歴もバラバラで、唯一共通するのは愛するペットを亡くした悲しみを抱えているという点のみだ。

「ペットを亡くした時期も最近亡くしたという人もいれば、十数年前に亡くした子のことが忘れられない、という人もいました。参加人数はだいたい五名前後のことが多いようでした」

　座談会の最初にファシリテーターは次のような言葉を述べたという。

「皆さん、本日はよくお越しくださいました。今日は、これから皆さんにペットのお話をしていただくわけですが、誰がどういう感じ方をするかは人それぞれで、『こういう感じ方が正解で、これは間違い』ということはありません。そういう意味では、みんなが正しい。それぞれの方が経験されたこと、感じられたことをみんなでシェアすることで、グリーフワークをサポートしていくことがこのグループの目的です」

　それからファシリテーターが「では、そちらの方、自己紹介からどうぞ」という形で進行し、一人ひとりの話に皆で耳を傾ける。ファシリテーターは、ときに話し手の言葉を反復するように「あなたはこういうお気持ちだったんですね」と受け止めることで、場の空気を整える。

「ファシリテーターは臨床心理士などの資格を持つプロが務めていますが、座談会を通じて、何かアドバイスがあるとか、あるいは専門家が抗うつ剤などの治療方針を示すような場所ではなく、ただただペットを失った人々が集まって、その心境を分かち合う場でした。とくに宗教色もなく、それが私にとっては居心地がよかったですね」

最初は半信半疑で参加した中田さんも、時間が経つにつれて、気持ちに変化が生じてきた。

「とにかく『わかる！　私もそうだった』という話ばかりなんですね。やっぱりペットを亡くした人は、みんな『なんであのとき病院に連れて行ってあげなかったんだろう』とか『仕事が忙しすぎて、あの子の異変に気付けなかった』という自責の念や後悔の気持ちを抱えていることが多いんです。そういう話を聞いていると、『ああ、自分だけじゃなかったんだ』と思えてきて、それは本当に救われる思いがしました。私自身、最初は知らない人に自分の悲しみを打ち明ける羞恥心の方が勝っていましたが、その場にいる人たちが本当に共感してくれているのを感じて、悲しみが少し軽くなるような気がしました」

知らない人同士だからいい

会が終わりに近づくころには、こんなことがあった。出席者の男性の一人が中田さんのもとにすーっと寄って来たかと思うと、急にひざまずいて、こう言ったのである。

「僕は一〇年以上前に犬を亡くしたときに、そのときの正直な気持ちを人に言うのが恥ずかしかった。たかが犬が一匹亡くなったぐらいで、自分がこれほどのショックを受けるとは思っていなかったんだ。だからリエが今、すごく大変な辛い思いをしていることがよくわかる。でも大丈夫だから。僕もそうだったけど、必ず乗り越えられるよ。また違う犬との出会いがあるかもしれないし、何よりあなたは一人じゃない。こうやって悲しみをシェアできる仲間がいるんだから」

その言葉は中田さんの胸にストレートに響いた。

「つい一、二時間前までまったく知らない人同士だったのに、時間が経つほどにどんどん絆が深まってくるような不思議な感覚でした」

むしろ「知らない人だからこそよかったんだと思います」と中田さんは語る。

「もともとライリーのことを知っている近所の人とか友人が相手だったら、あそこまでさらけ出すことはできなかったかもしれません。こんなことを話されても迷惑かな、という遠慮もありますし。その点、サポートグループのメンバーには、全員がペットを亡くした経験をし、その悲しみの渦中にあるという共通点があるのがやっぱり大きかったです」

もともと、このサポートグループは、著名なグリーフカウンセラーであるエニド・トレースマン氏の提案にダブルイス動物病院が賛同する形で、一九八六年にスタートしたもので、コロナ禍の最中にあってもオンライン形式で続けられている（同病院のホームページhttps://www.dovelewis.org/community/events/virtual-pet-loss-support-group-meeting-32）。どこの動物病院でもこういうミーティングを行っているわけではないが、安全な環境で同じ傷を抱える人たちが集まってディスカッションするというアメリカならではのペットロスとの向き合い方とは言えるかもしれない。

「アルコール依存症などの治療ステップのひとつとして、グループディスカッションが幅広く取り入れられているので、見知らぬ人相手でも共通項のある人々と安全な環境で話ができる時間とスペースを共有することにアメリカ人は慣れているんだと思います。また病院の案内には、ペットロスの症状がより深刻な状態にある人のための緊急連絡先のリストもありますので、このあたりは日本よりも心理ケアにおける奥行きがあるという言い方もできるかもしれません」

結局、中田さんはこの座談会に三回出席したのだが、回を重ねるごとにグリーフワークは確実に進んでいき、三回目のころには、「次の犬を迎えよう」という気持ちになっていたという。

「ライリーが亡くなった直後は、『もう二度と犬は飼わない！』と固く誓ったのですが、気が付くと犬の里親を募集するアダプト（引き取り）サイトを見るようになりました。ライリーが『次の子を迎えて』と言ってくれているような気がしました」

こうしてライリーの死から、ほぼ一カ月ほどで中田さんのもとに二代目の「スモーキー」がやってきた。このスモーキーをめぐっては、また別の物語がある。

スモーキーの物語

二代目の犬も保護犬から迎えようと考えた中田さんは、いろいろと調べるうちに、アメリカの保護犬たちがおかれた過酷な現実を知ることになる。

「公立シェルターに一時的に保護できても、犬によってはアダプト手続きが可能な状態になってから、わずか七二時間から九六時間までしか猶予がないことも珍しくありませんでした。〝high-kill（死亡率の高い）〟シェルターと呼ばれているところもあり、特に九歳を超える老犬がシェルターで生き延びられるチャンスはぐんと少なくなっていきます」

地域によっては、クリスマスシーズンを迎えると老犬が捨てられるというショッキングな事態も起きていた。信じがたいことだが、クリスマスに子どもたちに贈る「クリスマスパピー（仔犬）」を購入する前に、老犬をシェルターに置いていく人たちが一定数いるというのだ。

「一方でそうやって捨てられた動物たちを救うために、セスナ機のライセンスを持っている人たちが保護団体をつくって、犬や猫を引き取り手がある地域へとせっせと運ぶような活動もある。どちらもアメリカという国の一面を表しています」

こうした現実もまた「一刻もはやく救える犬を救いたい」という中田さんのモティベーションとなった。

「ずっと調べていたら、モンタナ州のシェルターにテキサス州から空輸されてきた一〇歳のミニチュアシュナウザーが保護されていることを知り、早速連絡をとったところ、引き取りできることになりました。オレゴン州ポートランドからモンタナ州まで片道九時間のドライブをして我が家にやってきたのが、二代目のスモーキーでした」

それが二〇一九年一二月八日のことだった。中田さんのもとに再び犬との生活が戻って来たのだが、その幸福な時間はあまりにも突然、断ち切られることになってしまう。

「翌年の夏、スモーキーをペットサロンでグルーミング（毛梳きや爪の手入れなどをすること）してもらったときに、トリマーの方から『なんか口を開けたがらないんですよ。もしかすると、歯の具合が悪いのかもしれません』と言われたんですね。それで犬の歯医者に連れて行ったんです」

歯科医には「メラノーマ（悪性黒色腫）に似ている。早くガンの専門医に診てもらったほうがいい」と言われた。ガン専門医での検査の結果は、「腫瘍はやはりメラノーマで、余命は二週から四週間」という非情なものだった。

「でもその日もスモーキーは普通にご飯もたべているし、散歩もしているんですよ。とても信じられないですよね。外科手術できないのかと聞いたら、『腫瘍が眼球を圧迫しているから、これをとるには、顎の骨を半分くらい削らないといけない。その後の再形成手術も必要だ』と。放射線治療をするにしても、ポートランドにはそれができる施設がなくて、一番近いシアトルの施設まで車で三時間かかる。何よりも本当に余命が長くても四週間だとすれば、スケジューリングしているうちに時間切れになってしまう……」

もうひとつ、大きな問題があった。それは高額な医療費だった。

「例えばＣＴスキャンで検査となったら、それだけで一〇〇〇ドルから二〇〇〇ドル（当時のレートで約一〇万五〇〇〇円から二一万円）かかります。放射線治療なら六〇〇〇ドル（約六三万円）、抗がん剤による薬物治療なら二万ドル（約二一〇万円）と言われて、目の前が真っ暗になりました」

当時の中田さんはコロナ禍でイベントが次々と中止となり、コーディネート業は開店休業状態、やむなく日中はアマゾンの倉庫でバイトをするという厳しい経済状況にあった。

そんな八方ふさがりの状況の中で中田さんは「ある計画」を思いつく。

「もともとスモーキーには『コロナが収まったらあちこちドライブしようね』と約束していたんですね。本当にスモーキーの余命があと一カ月足らずかはわからないけど、だったら今、ドライブに行ったっていいじゃないか、と」

絵のように美しいオレゴン・コースト、〝オレゴンの富士山〟とも称されるマウントフッド、雄大なコロンビア渓谷……日帰りで帰って来られるもっとも遠い場所へとスモーキーを連れ出した。専門医からは痛み止めの抗生物質を処方してもらい、「いつものよりお高い」ドッグフードを与え、マクドナルドのチーズバーガーを食べさせ、たくさん二人で写真を撮った。

美しい景色の中で、頬を撫でる風をクンクンと嗅ぎながら、スモーキーは目を細めて喜んでいるように見えた。とてもあと一カ月足らずで命が尽きる犬とは思えなかった。

「あのヤブ医者め！　スモーキーが死ぬわけない、って思ってました」

だが専門医が告げた二週間が近づくと、スモーキーの食欲がピタリと止まった。一週間もたつとスモーキーはガリガリにやせ細り、そのうち立てなくなってしまった。

「血を吐いたりもしてたんで、家から近いダブルイス動物病院に駆け込んだんですが……」

新型コロナがアメリカで最も猛威を振るっていた時期でもあり、診察室には入れない。駐車場で待つように言われ、そこから電話で受付係に用件を話すことになった。

「着いてみて気づいたんですけど、血を吐いたといっても、この期に及んで病院でできることってなにもないんですよね。それでも受付の人は、私の話をじっと聞いてくれたうえで、『検査をすることはできますが、治療は難しいかもしれません。安楽死という選択肢もあり得るのかもしれません。ただ、その場合、処置の間、あなたには車で待っていてもらわないといけません。一緒にはいられません』と。それを聞いて、『まだ時間があるからスモーキーと一緒に帰ります』と告げて、大泣きしてしまいました」

すると受付の担当者は、中田さんにこう声をかけたという。

「好きなだけ、ここ（駐車場）にいていただいて構いません。一緒にお家に帰れる状態になったら、どうか気を付けてお帰りください」

それはそのときの中田さんにとって、この上もなく慰められる言葉だった。

「やっぱりダブルイスは救急病院なので、受付の方まで、究極的な状況に追い込まれたオーナーの心理状態をわかっているんだと思います。この言葉で少し落ち着くことができました」

さりげないことかもしれないが、こうした対応にもアメリカの動物医療における飼い主とのコミュニケーションの在り方の「奥行き」を感じる。

中田さんの驚くべき「決断」

スモーキーの状態がいよいよ厳しくなったのは、八月二二日夜のこと。

「ちょうど専門医の余命宣告どおり、二週間後でした。私も半ば覚悟を決めつつ、翌日の朝九時に、自宅を訪問して終末期の犬のケアをしてくれるサービスを予約したんです」

だが、翌朝を待たずに、スモーキーは息を引き取った。中田さんのもとに来てからわずか八カ月、あまりに早すぎる最期だった。

翌日、中田さんはスモーキーの遺体を「オレゴン・ヒューメイン・ソサイエティ（OHS：オレゴン動物愛護協会）」に車で運び、そこで火葬し、灰はOHSの薔薇が咲く庭に撒いてもらった。

私がちょっと驚いたのは、スモーキーを亡くした直後、火葬場に向かう前の中田さんの行動だ。中田さんはスモーキーを迎えた保護団体のページを開き、「次の犬」を見つけていたという。

「もちろん悲しくないわけではないんです。やっぱり私がアマゾンでバイトしたりしているときは日中、スモーキーをずっと待たせてしまったことなんかを考えると後悔の念は襲ってきます。それから高額な医療費のせいもあって、治療をあきらめざるをえなかったことも、やっぱり心の傷にはなっています。一方で、そうやって私がスモーキーの死を悲しんでいる間にも、シェルターの中で『命の期限』を迎えつつある子たちが何千、何万といることも知っていたので、気が付くとパソコンの前に座っていたという感じです」

「その子」はすぐに見つかった。ライリー、スモーキーと同じシュナウザーの「ポーリ」だった。

「すぐに団体の担当者に連絡して、ポーリを引き取りたい旨を申し出ました」

後に担当者から、中田さんからの申し出があったのはポーリがまさにサイトにアップされた直後で、その後すぐに別の人からも引取り希望の申し出があったと聞かされた。その担当者は“It's meant to be（ご縁があったんだね）”という言葉で奇跡のタイミングを祝福してくれた。

中田さんが新たな犬を迎えると聞いた近所の友人は「えっ、昨日、スモーキーが亡くなったばかりなんでしょ？　あなた、大丈夫？」と、信じられないというような顔をした。

「スモーキーを亡くしたショックで私がヤケになっている、と思ったのかもしれません。でも私にすれば、『ああ、スモーキーがポーリを見つけてくれたんだ』という気持ちでした」

Ｚｏｏｍ画面の中でそう微笑む中田さんの腕の中には、中田さんの声にじっと耳を傾ける「三代目」のポーリの姿があった。

中田さん本人が「私の住んでいるポートランドはアメリカの他地域と比較すると、リベラル色が強く、わりと前衛的な動きをする傾向があるようです。ペットロスへの対し方にしても、例えばテキサス州やアラバマ州で取材されると、また違った面が見えてくるはずです」と語る通り、ここで示したのは、アメリカにおけるペットロスをめぐる状況の一断面に過ぎない。

それでも、私の目には、アメリカの人々がペットロスというものをどう受け止め、どう対処しているのか、その基本戦略が見えたような気がする。

それを一言でいえば、ペットを亡くした人の行き場を失っている深い悲しみを、人と人との「コミュニケーションの網」で絡めとって、その出口を見出してやることではなかろうか。アルコール依存症の治療に効果を発揮するグループディスカッションをペットロスに取り入れる試みや、危篤状態のスモーキーを抱えてパニック状態の中田さんに対するダブルイス動物病院の受付担当者の対応（話をじっくり聞いて、それを自分の中で咀嚼する場を提供する）などは、その一例といえよう。

クリスマスを前に新しい仔犬を飼うために老犬をシェルターに連れてくる人もいれば、自前のセスナに捨てられた犬を乗せて、全米のシェルター間を飛び回る人たちもいることがアメリカという国をよく表しているように思う。さらに言えば、「よさそう」と思ったことはとにかく始めてみて、問題があれば都度修正していけばいい、という姿勢もいかにもアメリカらしい。中田さんも頷く。

「まずは『やってみてなんぼ』というのが確かにありますね。『こんなことやりたいんだけど、どう？』と気軽に周囲に声をかけて、声をかけられた側も、断るのは大丈夫なのが日本との大きな違いかもしれません。やり始めるのが得意な人もいれば、改善したり、広報や技術的にヘルプしたりするのが好きな人もいますし、スポンサー役が適した方もいます。バラバラな人たちがひとつの目的のもとに集まって、それぞれの特技や得意分野を活かしながらやっていく。日本はやっぱり最初からパーフェクトであることを目指しすぎるというか、事前に問題点を全部潰さないと始められないという話はよく耳にします」

少なくとも、ペットロスの問題を抱えた人を、人との「コミュニケーションの網」で救いあげていくやり方は、学ぶべきところがあるように思える。

第8章

上沼恵美子さんの場合

HIROHATA YUKICHI

ネガティブな感情を出せない芸能人の辛さ

ライターとしてこの三年あまり、ペットロスの体験者に話を聞いてきて気づいたことは、「おおっぴらにちゃんと悲しむこと」の大切さだ。既に見てきたように、中には「ペットを亡くしたくらいでこんなに悲しむ自分はおかしいのでは？」と自ら悲しみを押し殺してしまう人もいる。

だがまず自分で自分の悲しみを認めないことには、その悲しみから回復していくためのグリーフワークのプロセスは、いきなり頓挫してしまうことになる。

ところが世の中には、そもそも「仕事」の場では、悲しみや苦しみといったネガティブな感情を露わにすることがタブーとなっている人たちがいる。いわゆる「芸能人」がそうだ。

お茶の間から期待される役割、求められるキャラクターが明確にある彼らにとって、いかに最愛のペットの死であっても、その悲しみを露わにし、いつまでも引きずることは許されない。いったい芸能人はどうやってペットロスと向き合っているのか――。

そんなことを考えたのは、上沼恵美子さん（六八）が、一二歳の愛犬「ベベ」（♀・フレンチブルドッグ）の死をラジオで告白したことを知ったからだ。亡くなったのは二〇二二年四月二三日。それから三カ月しか経っていない時期に、一面識もないライターからの取材に上沼さんは「こういう取材は嬉しいんです」と快く応じてくれた。

以下、当時の上沼さんが二時間半にわたり、愛犬を失った悲しみを語ったインタビューを再録（初出は『週刊文春』）させていただく。

「あ、あたし絶対に後を追うな」

もう悲しくて胸がほんとにね……雑巾絞ったみたいになるんです。雑巾なったことないけど、絞られたら、痛いと思うのよ。ここ（胸）がギュイーンなってね。これかなわんなって。

私の人生はいつも傍に犬がいました。淡路島で暮らした小学生時代は日本スピッツのチャッピー、大阪に出てきてからはビーグルのジョー、結婚後はラブラドールレトリバーのリッティー、トイプードルのキキ、そして今回のべべと、いつも犬と一緒でした。

だからペットを天国に送るのは慣れているんじゃないかと思われるかもわかりませんけど、慣れっこないんです。

特にべべは「私だけの犬」だったんですよね。というのも主人と五年前から別居しておりまして。主人は普段はマンションで一人暮らし、週に一度、ご飯を食べにウチに帰ってくるんです。ええご身分でしょ？　とにかく家に帰った私を迎えてくれるのはべべだけでした。（先々代の）リッティーが逝ったときは、まだ主人も二人の息子も家にいてましたから「四人の犬」として送ったんですが、その点、べべはやっぱり「私だけの犬」なんですね。

リッティーを亡くした後、ペットロスに陥った上沼さんだったが、夫の真平さんの「犬の力を借りよう」という一言でまず迎えたのがキキ、その二年後に迎えたのがべべだった（キキは二〇二〇年に他界）。

べべはペットショップで一目惚れしたんです。フレンチブルが短命というのは知らなかったんです。べべを抱いて店を出ようとしたら、店のご主人が「『八年』と思っておいてくださいね」。「え？　何がでしょう？」「この子の寿命です」。

正直「はよ言え」とは思いましたよね（笑）。事前に知ってたら飼ってないと思います。で、やっぱりね、八年で「寿命」が来ました。もともと腸が弱い子でガリガリにやせ細りましてね。頻繁にけいれんを起こすようになって一度は「これはダメかも」と覚悟しました。

そしたら、かかりつけの獣医さんがご自分の愛犬の血を大量に輸血してくださって、それで生き延びるんですよ。それも一年とかじゃなくて、四年半も。

――ベベが生き延びたこの四年半は、実は上沼さんにとって人生における最も辛い時期とも重なっている。

四半世紀続いていた関西テレビの番組（『快傑えみちゃんねる』）とか、ABCの『おしゃべりクッキング』とか、長くやってきた番組がポンポンと終わっていったんです。人に裏切られることもあったし、いろんなバッシングに晒されることもありました。さっきも言った通り、主人とは別居。それでもベベだけは、どんな時でも家で私を待ってくれていて、何があっても傍にいてくれた。どれだけ救われたかわかりません。

どんな辛いときでも、あの子を触っているだけで深呼吸できた。それが今はいないわけです。触るという意味ではね（涙ぐんで胸をさすりながら）ここがスースーするんです。私、何回撫でたかな、思うんですよ、この手は、あの子を……。絹みたいな綺麗な毛並でね。ほっぺをきゅっと引っ張ると、かわいい耳たぶみたいな感触して。声もパーンと澄んだ若い声で、一二歳というと皆さん、驚かれました。

それでも三年ぐらい前から「やがては先に逝ってしまうな」と考えることはありました。身体が震えましたね。「あ、あたし絶対に後を追うな」と思っていました。で、今年の四月、それが現実になったんです。

「あの日」のこと

あの日のことは……数日前から何も食べられなくなって、前日に動物病院で健康診断を受けたんです。獣医さんからは「また数値が悪くなってます」と言われて、「輸血しましょう」って。それで五時間ぐらい輸血してもらって、夜に迎えに行ったんです。「これでまた寿命が延びた」って喜んで。でも、元気ないんですよ。それで先生に「ちょっと元気ないのは仕方ないですよね」と聞いたら、「これで大丈夫だと思うんですが」と言いながらも、先生はわかってはったと思います。

「治療はもう、これで終わったと思ってください」と仰いました。それ聞いて「え？」と思いましたけど、もう先生の顔色でわかりますよね。それでべべを抱っこしながら、赤ちゃんの頃からお世話になった病院の待合のソファだとか診察室とか、「べべ、見ときなさい」って。もうここに寄せてもらうことはないな、という予感はしました。

夜八時過ぎに帰宅した上沼さんは夫の真平さんに「ちょっと危ないかも。今日ってことはないと思うけど、顔見に来てよ」と連絡し、二人で夕食を食べた。

やがて主人が二階の寝室に上がったんで、私もべべと寝室で寝ようかなと思ったんですけど、食堂の座椅子から離れないんですよ。その座椅子がお気に入りなんですが、もう後ろ足がヨレヨレになって歩けないんです。「じゃあお母さんもここで一緒にネンネしようか」って布団を台所に敷いて何気なく横になって見てたんです。このときでも、まさか死ぬなんて思ってません。

けれど夜中の三時ごろから息が荒くなってきて、それからはずっと抱っこしてました。トイレに行きたくなったときだけは座椅子の上に置くんですけど、そうするとべべが顔だけ動かして探すんですね、私を。だから猛ダッシュでトイレに行って、また抱っこして。

で、いよいよってなったのが四時半くらいでしたでしょうか。

こうガッと目を見開いて、(荒くなった息と連動するように)頬の肉が振動して「ブブブブブ」と音がするんですよ。「大丈夫、大丈夫、お母さんいてるから」と呼びかけて……べべは目を閉じることなくずーっと私の顔を見てるんですよ。気が付いたら輸血した血は全部出てしまって、布団も私のパジャマも真っ赤です。

息ってだんだんと薄くなっていくんですね。危なくなったら主人を呼びに行こうとも考えていたんですが、「もういい。私が一人で送ってやろう」と思いました。

五時三分前に私の胸の中で息を引き取りました。そのまま抱っこして、寝ている主人のところにいって、「一〇分前に逝きました」って。「ええっ！」ってびっくりしてましたけど。

それから熱いタオルでベベの身体を綺麗に拭いて、一番好きだったマットの上に横たえまして……ずっと撫でていました。もうずっと。

引退を考えた

その日はテレビの収録が予定されていたが、プロデューサーに「とてもじゃないけど今日はできません」と連絡を入れた。

これ言うとまた怒られるかも分かんないですが、例えば一曲歌いに来てくださいという仕事だったら行けたと思うんです。実際に母を亡くした当日もＮＨＫホールで歌いましたから。古いですけど「親の死に目に会えない」っていう世界ですから、それはわかっているんです。

でもべべが亡くなった日に、自分が司会をやって二時間、面白いこと言って盛り上げないといけないとなると、これは無理。有難いことにプロデューサーは「お休みください」と言ってくださいました。（休んだことに）〝濃い〟ファンの方ほど怒りますね。「犬ごときで、何を休んでるんだ！」って。それだけ私の喋りを楽しみにしてくれてる。「これが楽しみで生きてるのに、休むなんて。ただでさえ番組減ってるのに」みたいなね。

でも、無理でしたね。べべがいないなら、もう何もしたくないなって。

あの日、私は、引退を考えました。

今日は包み隠さずにお話ししますが、お酒に溺れましたね。最近は血糖値が高いこともあってお酒はやめていたんですが、べべが亡くなってからは、ビールが一番酔うので、それをバーッと浴びるように飲んで。火葬のために業者さんが来たんですが、出棺のときにはもうフラフラで、主人に抱きかかえられてたみたいです。

……今、思い出しても、よく生きてるな、と思うんですよ。図太いな、って自分でも思います。自殺するとか、後を追うとか、そういうことは絶対に言いたくないんですが、消えたいです。苦しいです。

――ペットロスによる異変は、心身に顕著に現れた。

べべが死んでから、低血糖になっちゃったんですよ。「そういえば時々ちょっとフラッとします」と言ったら、先生がびっくりして「コーヒーシュガーを舐めてください！」って。フフ、コーヒーシュガーってねえ。確かに病院で貰ったパンフレットにはコーヒーシュガーって書いてあるんですけど、普通に「甘いものを食べてください」でいいと思うんですよ。先生もカシコやから、意外と応用利かないんですね（笑）。とにかく血糖値下げる薬は飲まなくてよくなりました。べべのおかげですかね。

でも切なさ、悲しさが全身に充満して全然治らないんです。それで「先生、ペットロスに効く注射とか薬ありませんか？　三〇〇万までなら出します」って聞いてみたり。

「あなたのことを早く思い出にしたい」

あの……家の中に思い出がありすぎるんです。

一番キツいのは買い物から帰ってきて玄関のドアを開けるときですね。べべはいつも玄関マットの向かって左隅に座って待っていたんです。その姿を見て「あら、べべ！　いい子たんしてたん？」と声をかけるのが常でした。今はドアを開ける前から「はい、べべはいませんよ。いないのよ」って自分に言い聞かせてからドアを開けます。それで「やっぱりいない」って言いながら靴を脱いでまた泣きます。つい「いい子たんしてたん？」と口にしてしまうこともある。そんなときはまた玄関先で泣き崩れる。他にも座椅子とか、リビングのソファとか定位置だった場所にいないことが……たまらないんですよ。

夜中の三時がまたキツいんです。あの子は腸が悪かったので、それくらいの時間にトイレのために庭に出してたんです。で、一度出るとなかなか帰ってこない。ついウトウトしたら、「ワン！」って声がして戻ってくる。「遅かったね」って言いながらお尻を拭いてあげる——それが毎日のことだったんで今でも起きてしまうんです。で、べべがいない現実を私は夜中の三時に噛みしめるわけです。

陰気臭いといえば陰気臭いんですけど、夜中に線香をあげて、灯がついている間、心の中でべべに話しかけるんです。

「べべ、今どこにおるん？　もうそんなお母さん、いじめないでくれるか？　かなわんわ」「ねえ、お母さんどうしたらいい？　何とかしてくれないかな」「あなたのことを早く思い出にしたい。いい犬だったな、最高の犬やったって早くなりたい。でもまだ無理やわ」

もうえげつないほど喋ってます。自分でもよく出てくるなと感心するぐらい喋って、最後は泣いてますね。お姑さんが亡くなったとき「一生分もらったな」というぐらい線香をいただいたんですよ。それがもう全部なくなりましたから。

番組なくし、夫と別居し、べべまでいなくなって。一〇代のころからこんなに税金払ってきたのに、どんだけいじめてくれるねん！　って誰かに言いたいです。関係ないですけどね（笑）。

虫になって飛んできた

ペットロスの体験者に取材をしていると、しばしば「不思議な現象」を打ち明けられることがある。上沼さんもまたその一人だ。

この間、ものすごい大雨の中を車で帰っている途中、赤信号で止まったんです。そこが何度もべべと歩いた散歩道だったんで、思わず「べべーっ」と叫びながら、泣き崩れたんです。

そうしたら、黒い虫が飛んできて、フロントガラスの右側にペタっと止まるんですよ。ハエでもカブトムシでもゴキブリでもない。見たことない虫です。「え、べべ？　べべですか？」と言ったら、じーっとこっちを見てるんです。もうわかります。これはべべや、と。信号が青に変わったので「べべ、走るから向うに行きなさい」と言ったら、飛んでいきました。リッティーも死んだ後で一回、虫になって家に飛んできたことがあるんです。天国に行った犬は確実に虫になって会いにきてくれますね、はい（微笑）。その後、家の方にもまたべべの虫が来たんです。このときは「もう来ないでいいよ」って言い聞かせました。間違って殺しちゃうといけませんから（笑）。

一度、べべそのものの姿でも見ました。梅田の芸術劇場に知り合いの女優さんが出てる「メリー・ポピンズ」を観に行ったんです。フィナーレになったとき、べべが通路を前から歩いてくるのが見えたんです！

で、「おいで、おいで」ってやったら、歩いてきて、私の膝の上に乗りました。膝の上でフィナーレ見せました。楽しいミュージカルやったんで、これはべべにあってるな、と。後で一緒にいた人に聞いたら「上沼さん、なんか変なことしてるなと思ってました」と言うんですよ。だから「べべ来たのよ！」って。

この人、頭おかしなったかと思ったやろうけど、「そうだと思ってました」と言ってくれまして……。

……素晴らしい犬。（涙を浮かべながら）もう一回会いたいな。本当にね、五分でもいいから会いたいです。でも五分後が辛すぎるからあかんか、と考えたり。

「幽体離脱して車に乗り込む」

これだけの悲しみの渦中にありながら、上沼さんはこのインタビューの前には三時間のラジオ生放送をこなし、悲しみの影を微塵も感じさせずにリスナーを存分に楽しませていた。芸能人であることはペットロスにどう影響するのだろうか。

——

これは私、今回初めて「キャリアってスゴいな」って思いました。車に乗るのはイヤなんですよ。「誰がいくねん」とか思ってるんです。もう気力ですね。幽体離脱して車に乗り込むんです。でもスタジオ着いたら、スイッチ入ります。考えてみましたら、長男を産んでから三カ月で仕事復帰して以来、ずーっとやってますんでね。家でどんなに泣いてても、合格点はとれてる自信はあります。

皆さん、「べべちゃん死んでから、エミちゃんあかんな」とは思ってないと思うんですよ。もしそうだったら数字に出ますもんね。視聴率とか聴取率がすべてではないとは思いますが、それが変わってないということには自分でも満足はしています。

でも、帰り道ではいつも「べべいないのに、何を頑張っているんですか」って思ってしまいますね。

どうやっているのかと聞かれても、私も答えわからないです。これ、もう職業病ですね。五〇年やってきたアンテナがありますから、どんなに悲しい時でも、面白いこと、ひろっちゃうんです。

例えばスーパーにいって、何かこのおっさん面白いなと思って、何となくずっと見てるんです。そしたら、レジも通さずにコロッケ食べ出すもん。「いやぁ、食べてはるわ」って（笑）。あれだけ堂々と食べると店員さんも気付かないものなんですね。

やっぱり気になって気になって仕方ないんです。人の気持ちもすぐわかりますし。そういうと「いい人」みたいですけど、自分にとっては迷惑な性格でしてね。そういう感受性のアンテナがビンビンに利きすぎているから、（ペットロスも）余計に辛くなっているような気がします。

無神経な慰めの言葉はいらない

だから一番腹が立ったのはね、無神経な慰めの言葉なんです。べべを亡くして一、二週間ぐらいのとき、私が「もうあかん。もうあかんわ」と言っていたら、ある人が「そんなこと言ってたら、べべちゃんに笑われるよ」と言ったんです。もうね、殴ったろかな、ていうぐらい腹立ちました（笑）。深い悲しみの淵にある人間にそのへんのアリモノの言葉で間に合わせようとするな、と。何にも思ってないくせに何か言わなあかん、ていう「ズボラな人」の表現やと思います。最悪です。何か言うならまずはオリジナルで言葉を探せよ、と本当に思いました。

やっぱりお喋りの仕事をしてるんで言葉には敏感になります。あの、（ペットを亡くした人には）黙っておくことだと思うんです。今回私も初めてわかったんですが、何にも言わないのが一番だな、と。「これ言われたら救われるわ」なんて言葉、絶対にないですね。

悲しい別れがあるとわかっているのに、なぜペットを飼うのか？

——「あの日」から三カ月が経った（取材時点）。上沼さんの心境に何か変化はあったのだろうか。

だんだん薄紙を剝ぐように（悲しみと付き合えるように）はなってきました。

この頃は……なんかしょうもないこと思い出しますね。まだキキも生きていたころ、二匹を連れて沖縄に行ったことがあるんです。飛行機乗せるの初めてだったんで、ドキドキしながら、コンベアーから出てきた二匹をピックアップして。空港近くのレンタカー屋さんに行って、主人が手続きしている間に外でオシッコさせたんです。

そしたらべべが……フフフ……どれだけ我慢してたんというぐらい滝のようなオシッコして。「馬かーい！」って主人と大笑いしたんですけど、沖縄のニュースや映像を見るたびに思い出しますね。

べべの骨壺を振るとガシャガシャいうわけです。「なんでこんなんなっちゃったの」って言いながら、抱きしめてます。べべが骨になった現実を受け止めようとしてます。

骨壺といえば……アッハハハ……今でも思い出すんですけど、これから車で火葬場に向かう出棺のときに私、思わず「べべーッ！！！」って大声出したんですよ。そうしたら運転手のおっちゃんが（椅子からずり落ちるように）こんなんなって、腰抜かしてしまって。悪かったな、と思ってるんですけど、ちゃんと運転できるかな、ってちょっと心配なりました（笑）。

べべほど私の人生を揺さぶるほどの楽しみと思い出をくれた存在はいないと思うんです。なんていうのかな……こんなに愛する気持ちがあるから、こんなに深い悲しみがあるわけで、それは有難いなと思ってます。べべのおかげで「感情の引き出し」を全部使わせてもらってるんですね。

　今は悲しみの引き出しが開けっ放しの状態ですけど、まあいいかと思っているんです。人間として生まれたんだから、感情という財産を使ってるんだって。

　本当はしんどいですけど……しんどいです、しんどいです。一生そんな引き出し開けない人もいてます。ペットを飼わなければいいわけです。考えてみれば、荷物をもつわけでもなく、尻尾をふるだけ、ごはんもやらないかん、散歩も連れていかないかん、病気はする。そして悲しい別れがやってくるとわかっているのになぜ人間はペットを飼うのか。

　私は答えもってます。そんな面倒の一〇〇倍も一〇〇〇倍も愛おしいからですよ。その子がいなければ、得られないものがいっぱいある、かけがえのない存在だからです。

　べべのどの仕草も表情も感触も全部覚えてます。主人とは四五年、夫婦やってますが、全然わかりません。一昨日も主人と一緒に飲んだんですけど、私だけ酔えない。主人はいい気分で現役時代の自慢話ばっかりで……もう一五年も前に会社辞めてるのに（笑）。もうべべが死んだ悲しみなんてどっかに抜けてるように見えて、ほんとにあの性格はうらやましい（苦笑）。

三カ月が経って悲しみの海から抜け出しつつあるんだとは思うんです。でもこの年でこれはキツいです。今度ばかりはリッティーを亡くしたときみたいに「新しい犬を飼う」という汚い手は使えません。自分の年齢を考えますと、責任持てませんから。息子は「大丈夫やで。なんかあったら僕ら夫婦が引き取るから」と言ってくれてますが、迷惑もかけたくないし。

犬を幸せにする資格

上沼さんは「新しい犬を飼う」ことを「汚い手」と表現した。だが本当にそうだろうか。私がペットロスの取材を続ける中で、ひとつ気付いたことがある。それはペットロスに苦しむ人は、ほぼ例外なくそのペットを深く愛し、客観的に見て、全力でそのペットを幸せにした人だという事実である。

それはペットを幸せにできる資格のある人と言い換えてもいい。私はそういう人は事情が許す限り、新しい子を迎えるべきだと思う。その子を幸せにしていく過程で、その子が前の子のペットロスの傷を癒すのを手伝ってくれるはずだからだ。

そして世の中には幸せになる「順番」を待っている動物たちがいる――。

――思わず、私は上沼さんにそのまま伝えてしまった。

（微笑んで）犬を幸せにする資格ですか……その話は嬉しいな。キキもべべもリッティーもジョーも、ウチに来た犬はみんな幸せだったと思うんです。こんなに注いだ愛って私、他にないですね。

そうか、犬を幸せにする資格を持ってたんだ、私。嬉しいです。こうでなければ。愛した意味がないです。

――そして上沼さんは私に向かって「有難うございます」と深々と頭を下げた。

――部屋の中にべべの気配が漂っているような気がした。

（初出『週刊文春』二〇二一年八月一八日・二五日合併号、一部加筆・修正）

後日、この記事を読んだ上沼さんからマネージャーを通じて、次のようなメッセージが届いた。

〈涙あり、笑いあり、本当にここまでの良い記事にして頂けるとは。改めて伊藤さんの最後のお言葉も嬉しく、インタビュー時にお聞きしてなかったお気持ちを文章にしていただけて感謝しています。早速、べべにお供えとして、本を置き、ろうそくに火をつけたところ、今まで見たことがない煙がずっと上がり続けてびっくりしました。おかげさまでべべも喜んで会いに来てくれたのかもしれません〉

第9章

壇蜜さんの場合

HIROHATA YUKICHI

「びっくりしたでしょ？」

インタビュー用に用意した部屋に入るなり、壇蜜さんはいきなりそう言った。

私は「お痩せになったな、とは思いましたが……」と思わず口ごもってしまった。

二〇二二年二月、壇蜜さんは愛猫「久石（クインシー）」（♀・スフィンクス）を亡くした。壇蜜さんとマネージャーの仲谷氏の好きなミュージシャン、クインシー・ジョーンズにちなんで名付けられたその猫は、壇蜜さんの著書にも頻繁に登場している。


〈猫とぐっすり寝ている時が一番幸せだというのは、結婚後も変わらない〉（『新・壇蜜日記』より）

私は編集者時代、壇蜜さんの担当だった。だから芸能界を生きる壇蜜さんにとってクインシーが「戦友」というべき存在であることも知っていたし、その死の衝撃は分かっているつもりだったが、予想以上に憔悴した姿に動揺してしまったのが冒頭の場面である。取材時点で愛猫の死から五カ月ほどしか経っておらず、本来であれば取材——ましてやペットロスについての——を受けられるコンディションになかったはずだが、義理堅い壇蜜さんが、かつての担当編集者からの依頼ということで、無理してこの場に出てきてくれたことは容易に想像がついた。

体重は三〇キロ台に激減

それにしてもなぜ、壇蜜さんのペットロスはかくも凄絶な状態になってしまったのだろうか。

彼女にとって飼っていた動物が亡くなるのは、これが初めてではない。

「実家では最初に飼った猫、ロシアンブルーの『スミレさん』が乳ガンで一二歳で亡くなるのを看取りました。このときは母が私以上に深く悲しんでいて、そんな母を慰めることで、私自身のペットロスは『浄化』していったような気がします。だから、誰の猫っていうのも変なんですけど、スミレさんは母の猫だったんですね。でも、クインシーは私が芸能界での仕事を始めたぐらいの頃から飼い始めたから、そこがやっぱり違う。今回、自分がこうなってみて、あのときの母の悲しみというのは、これだったのか、と改めてわかりました」

まだ九歳だったクインシーが体調を崩し、リンパ腫、つまりガンに侵されていることが判明したのは、二〇二一年一一月頃のこと。抗がん剤で一時回復したかに見えたが、食欲は徐々に衰えていった。病院に通っては点滴を受ける日々が続いた。

「何とか食べてほしいから、好物を与えるんですが、やっぱり薬で味覚が変わっちゃっているみたいで……何より（食べさせるのは）彼女の意思じゃないのが辛かった。抗議の意味でか、おしっことかウンチをベッドや床の上でするのが、本当に申し訳なかったです」

それから約三カ月後の二〇二二年二月一〇日、東京に雪が降った日にクインシーは逝ってしまった。最期は栄養食を注射器で飲ませた直後に容態が急変し、すぐにマネージャーの車で病院に駆け付けたが、助からなかった。

「注射器で無理矢理詰め込んだような栄養食を、ゆるやかに少し吐き戻すようにして死んでいった姿が忘れられないんですよね」

壇蜜さんがポツリと呟いた。実はクインシーの死に先立つこと二年前、壇蜜さんは最愛の祖母、隆子さんを亡くしている。

「祖母もやっぱり最期は食べられなくなってしまってたんです。それでも母や叔母が何とか食べてほしいと（病室に）食べ物を置いていくことに、ときどき『もう食べろって言わないで』と怒ったりすることもあったんですね。クインシーと祖母の最期がオーバーラップしてしまって……やっぱりトラウマなんです。祖母とクインシーが最期にできなかったこと（食べること）を今、私ができていないんだろうと思います」

いわゆる「摂食障害」で、体重は一時三〇キロ台にまで激減した。

「もう、悲しみがどんどん体に染みついてきて。眠れない、食べられない、無理に食べても戻しちゃう。（クインシーを助けられずに）申し訳ない気持ちとか、自己嫌悪みたいなものを、自分の中で浄化するためのルーティンが自分を痛めつけることになっちゃう、という流れなんだと思うんです」

「何がキツいか、わからないのがキツい」

壇蜜さんといえば芸能界に入る前はエンバーミング（遺体衛生保全）を学び、大学で解剖助手を務めていたことが知られている。あるインタビューで、壇蜜さんは次のように語っている。

〈この経験が「死」というものに向き合うきっかけになり、エンバーミングの専門学校に行くことにしたんです。（中略）エンバーミングは、すごく高度な技術が要求されますし、もちろん遺体を扱うのは簡単なことではありません。でもどちらかというと、自分はそういう世界に適性があるだろうとなんとなく分かってました。（中略）私は遺体に触れても怖いとは感じない。何も感じないんです。ただ「遺体だ」と思うだけ。だから私には向い

ている仕事だったんでしょうね〉（『日経ARIA』二〇一九年六月二六日付）

そんな壇蜜さんであれば、愛猫の死に直面しても、独特のスタンスで受け止めているのではないか――取材前、私はそんなことを考えていたのだが、壇蜜さんは首を振った。

「（エンバーミングを学んだから）『死ぬこと』に関してドライに受け止めているんじゃないか？　とよく言われるんですが、そんなことないです。ご遺体を目の前に解剖や処置をすることはあくまで仕事であり、自分とご遺体とには線引きしている意識がある。けれども自分の大切な人やペットの死は考えるだけで怖い。怖いもんは怖いですね」

二〇代のころから精神的に不安定な時期を「あやしながら生きてきた」壇蜜さんだが、祖母とクインシーの死で、「それが斜め上にレベルがあがった感じだった」という。

「何がキツいか、わからないのがキツいんです。人に話しても、そのときは一瞬軽くなるけど、家に帰ると余計死にたくなるほどキツい。だから話すのは、カウンセリングの先生と限られた身内だけにしているんです。清野《せいの》さんとかマネージャーとか」

「清野さん」とは二〇一九年に結婚した漫画家の清野とおるさんのことだ。

「クインシーの闘病生活で毎日病院に通って、点滴を受けさせているときに清野さんが『クインシーには気持ちは伝わっているから』と言ってくれたのは、有難かったです。私がこんな風になってしまったので、ずいぶん心配させてしまいましたが、今は様子を見る感じにとどめてくれています。もともと結婚してからも、清野さんは仕事場と家を行ったり来たりで、家にいるのは週の半分くらいだったんですが、その距離感も今の私には有難いです」

もともと五、六年ほど前から時折、考えがまとまらなくなり言葉に詰まることがあったので、カウンセリングに通っていた。そこにペットロスによるショックが加わった。

「病状としては、通常のペットロス以上のものになってます。ただ『血で血を洗う』じゃないけど、こういう状態になってみると、かえってペットロス自体は薄まっているのかもしれません。クインシーを亡くした後は、ますます今の『同居人』たちの衣食住を見つめなおして、なにか足りないものがないか、見るようにはなりましたね」

「同居人」とは、クインシー以外に壇蜜さんが飼っているペットたちのことで、今は自宅で熱帯魚、インコ、ヘビ、キンカジュー（アライグマ科の哺乳類）と暮らしている。

「彼らがより快適になるように模様替えしてみたり。そうやってお世話することが、悪いルーティンの中にいる自分にとっては、ちょっとだけ救いになったかもしれません」

「芸能人であることはラッキーでした」

「芸能人であること」は、壇蜜さんのペットロスにどう影響したのだろうか。

「（芸能人であることは）むしろラッキーでしたよ。芸能人としての役割を果たしているときは、（プライベートのことは）切り離せるんで。それに私の場合、仕事のスタイルとしてマネージャーやメイクさん、スタイリストさんたちとチームで動くので、自分が求められた動きをすれば、一種の流れ作業で仕事はできる。それにどれだけ救われているか、わかりません。その意味では、週五日働いて二日休むようないわゆる普通の勤め人の方が、プライベートでペットロスに向き合う……というほうがよっぽど辛いと思います」

――ペットロスは乗り越えられるものでしょうか？

「いや、私は多分無理です。『乗り越える』の意味が人によって違うのかもしれないけど、もし強引に『乗り越える』という言葉を使ったとして、私にとって本当に『乗り越えた』って思えるのは、あの世でクインシーに会うことぐらいしか考えられないです。だからといって死にたいとは思わないですよ、もちろん。ただ、祖母に会いたいし、クインシーに会いたい。それは死にたいというのとは、また少し違った感情なんだな、と思うようになりました」

ジム仲間の言葉に救われた

そんな中で、救われた言葉もあった。ある時、通っているジムで年上の仲間から、こう声をかけられた。

「でも、こうやってても、明日は来ちゃうからね」

その人自身、身内に不幸なことがあったと聞いていた。壇蜜さんはこう語る。

「だから今、サウナに入ったり、泳いだり、お風呂入ったり、そういうことがまだできることはいいことだと思うよ、それでいいじゃん、って。なんか私が引きこもったり、自責の念で自分を傷つけたりするのを、予防してくれたんだな、って思うんです。暗に『いくら悲しくても、あんたの日常を崩しちゃダメでしょ』って。何気ない会話を深くするだけでこんなに印象に残るとは思いませんでした」

——もし、今ペットを亡くして悲しんでいる人がいたとして、壇蜜さんならどんな言葉をかけますか？

「うーん、声はかけにくいと思うんで……（しばし考え込んで）どこか、こう手や肩に触れて、まとっている悲しみを皮膚から感じるというのは、できることだと思います。辛かったよね、と。それしか言えないよね。話を聞いてあげるだけで救いになります、って言うんですけど、その話を相手にさせるたびに、その人の中ではもう一度ペットを殺すことになりますから」

――この取材もそうですね。すいません。

「それは（ペットの死を）知ってる同士だから、うん」

ペットの死と向き合う上で経験者の誰もが口を揃えるのは、「お別れの儀式」の重要性だ。クインシーのお葬式は、実家で飼っていた先代猫のスミレやアヤメと同じく、深大寺《じんだいじ》で行った。

「清野さんと母と叔母と私で小さな式をしました。ちゃんと担当の方にシッポの骨まで並べてもらって。以前の仕事柄、人が死んで骨になっていくのを見学や研修で見てきましたけど、亡くなってからお通夜、お葬式と身も世もない感じで泣いていた遺族の方も、直会《なおらい》やって、納骨しましょう、という段階になると、かなり落ち着かれるんですね。それを見ていたので『納骨ってすごい大事なんだな、みんなめっちゃ諦める』と思っていました。クインシーには奮発して有田焼の壺を買おうと思ったんですけど、クインシー三匹分入りそうなくらい大きかったので、それはやめて可愛いガラスの瓶に入れて、普段目にすると辛いんでペットの用具が入った戸棚の中に入れてます」

ペットを送った後には、膨大な遺品が残される。フードは食べられそうな猫を飼っている人に譲り、最期まで飲ませていた栄養食は処分した。

「何でも思い出だと言って、物理的なものをとっておきすぎるのはよくないような気がします。体に悪い。キツかったのは、毛布とかキャリーケースですね。毛布はキンカジューだったり他の子に使ってもらえるけど、キャリーケースは買った時に『これを買い替えることはもうないだろうな』とうっすら思ったのを覚えていて。わざとファスナー式で組み立てる形の布製のものにしたんです」

結局、畳んだ状態にしてビニールでグルグル巻きにして奥にしまいこんだ。

日々の生活に集中すること

クインシーの写真は骨壺と一緒に一枚だけ飾り、他の画像や動画は清野さんの仕事場で保存してもらっているという。

「小さいころの写真はそこまで辛くないんですけど、最期のころのはやっぱり今も見ると辛くなってしまうので。そういう『辛いポイント』が徐々に減っていくことが、ペットロスから回復していくことなんだろうと思うんですけど、今はまだ減りそうもないですね」

乗り越えることはできないまでも、ペットロスの辛さを少しでも和らげる方法はあるのだろうか――最後にあえてそう訊いてみた。

「私の場合なんですけど、今は掃除を頑張ってますね。できるだけ掃除して、家の中を綺麗にしておくと、自分の心も落ち着くようです。自分の心が散らかっていて、部屋も同じように散らかっているとリンクしちゃって、『このまま部屋を出て、どっか行ったらラクになれるかも』という気持ちになっちゃうんです。部屋を綺麗にするようになってからは、そういう気持ちはあまり起きなくなりました。冷蔵庫とかめっちゃ綺麗になりましたもん。前はいつ使ったのかわからない二層に分かれたマスタードとか平気で入ってたから（苦笑）」

それは日々の生活に集中することに他ならない。

「身辺とか身なりにも同じことが言えると思うんです。別にお洒落しなくてもいいから、ちゃんとお風呂入って、爪を切って、歯を磨いて、自分の外見をちゃんとする。自分のことはそんなに好きじゃないけど、片付けとか掃除がちゃんとできて、同居人の生き物たちが住みやすい環境を作れている自分は好き、と最近は思えるようになりました」

芸能人として世間から求められるイメージに沿って仕事をしている間はペットロスの悲しみは、幾分か薄れる。それは前章の上沼恵美子さんも壇蜜さんも同じだった。一方で仕事を終えて愛犬の、愛猫のいない家に帰ったときの「死にたいとは思わないけど」「消えたい」という反動の大きさも二人に共通するものだ。

その「落差」が芸能人のペットロスの辛いところに思えるが、最後に壇蜜さんは「何が辛いって……」と言って、こう続けた。

「ペットロスも辛いんですけど、私がこういう姿になって『やっぱり結婚が失敗だった』『事務所は何やってる』とか根も葉もない噂が立つのが辛い。みんなにこんなによくしてもらっているのに配偶者も身内も傷つけて。だからせめて入院はしないんです。フフフ」

最近では、こんなことも考える。

「あの世にいった子たちが集まって、『あの人が飼い主でほんとに幸せだったのかしらね』って言われる図をなんとなく漫画風に想像してやっていけたらな、と思います。幸い、漫画家と結婚したし。あ、ちなみに漫画家はウチのオカメインコと超仲良しで。その子は唯一のオスだから、オス連合ですね（笑）」

クインシーの死から半年が過ぎ、壇蜜家に新たな「同居人」が加わった。

「清野さんと母から『まだ新しい子を迎えるのは早いのは分かっているけど、ちょっと見てられないから』と言われて、ご縁もあって仔猫の兄弟を引き取ることになったんです」

クインシーと同じスフィンクス種で、名前は羽田雄（ハダオ）と伊佐鐘（イサベル）。名付け親は清野さんとマネージャーだ。

「二匹はケンカも遊びも寝るのも一緒。クインシーはもういませんし、面影を彼らに感じるわけでもありませんが、『猫がいる』という生活がまたやってきました。飼い始めてあまり時が経っていないせいか、まだ心境の変化は自覚できません。でも、いいんです。猫たちが今、目の前にいるという事実があるだけで」

これ以上つけ加えるべき言葉を私は知らない。

（初出『週刊文春』二〇二二年九月一日号、一部加筆・修正）

第 10 章

悲しみを和らげる方法はあるのか？

HIROHATA YUKICHI

ペットを亡くすということは、その飼い主にとっては、大げさでなく「世界がひっくり返る」ほどの衝撃的な経験だ。私自身、ミントがいなくなった世界で、世の人々が何事もなかったかのように日常生活を営んでいる当たり前の光景が、何とも奇異に思えたものだ。まるで世界からとり残されるような感覚だったが、いつまでも取り残されているわけにはいかない。多くの人には日々の仕事があり、家庭があり、生活がある。世界がひっくり返るほどの悲しみとどこかで折り合いをつけ、なだめすかしながら、当面はペットがいない人生を生きていかねばならない。

そのためにはどうすればいいのか。ペットロスを乗り越える方法はあるのか？

それは、私自身がペットロスの渦中にあるときに、もっとも知りたかったことである。おそらくこの本を手にとってくださった多くの読者が求めている情報でもあるはずだ。

だから私もこのテーマで取材を始めた当初は「ペットロスを乗り越える」「ペットロスから立ち直る」という言葉を使っていたし、実際にアンケートの質問項目にもそう書いた。だが取材を進め、アンケートの回答を読み進むうちに、自分の間違いに気づくようになった。

「乗り越える」「立ち直る」という言葉には、悲しみを克服して元の人生に復帰するという意味合いが含まれているように思う。だがペットと一緒に人生を歩んできた以上、ペットを失った後で、何を乗り越えようと、何から立ち直ろうと、「元の人生」に戻るということはありえない。

結論からいうと、ペットロスを「乗り越える」方法は恐らくない。あるとすれば、その悲しみを和らげ、自分の人生の一部として受け入れるための方法ではないかという気がする。

この章では私自身のペットロス体験とペットロス体験者へのインタビュー、さらに前出のペットロスアンケートの回答をもとに、一部内容が重複することを承知で、改めて「ペットロスを和らげる方法」としてまとめてみたい。ペットを亡くした痛みと悲しみを知っている人の言葉は、ペットを飼っているすべての人にとっていつか来る「その日」のための備えになるはずだ。

ペットロスについて知っておく

アンケートに回答を寄せてくれた人の中には、ペットロスに関する専門的知識のある人も多い。ペット関係の学校に通っていたというNaaさん（三〇代、北海道在住）は、スコティッシュフォールドの「ベル」を二歳で亡くした。ペットショップで一目惚れしたベルは骨格に先天的な奇形を持っていたという。

〈お別れの日は急でした。亡くなる前日に夜ごはんを食べなくなり、次の日の朝も食べずにずっと甘えてくる状態でした。さすがに何か食べさせなきゃと買い物に行き二〇分もたたずに帰宅したのですが、もうぐったりと横たわっていて息もしていませんでした。（略）自分の死期を悟って傍にいてほしかったからあんなに甘えてきたんじゃないか。そんなことをずっと考えながら抱きかかえていました。数時間たち、真っ暗なのに気づいたときに一瞬我に返りました〉

Naaさんは〈どんなに知識があっても、ロスにはなります〉としながらも、こう続ける。

〈人それぞれのロスがあります。ですが、（ペットロスを）知っているのと知らないのでは違うと思います。頭の片隅で大丈夫なのでロスを知っておいてください〉

また前出のユウコさんは、「ペット生前の備え」として、自身の経験を明かしてくれた。

〈数年前に、まだシンバが元気な頃に、猫の看取りの本を三冊ほど買って読んでいたことが良かったと思います。元気な時でないと看取りの本は辛すぎて読めないので、シニアに

差し掛かってきたら早めに購入し読んで、手元に置いておくことをお勧めします〉

ペットロスを知っておくことの最も大きな効用は、ペットが亡くなった後で「自分が今、尋常じゃない悲しみの渦中にあるのは、当たり前のことだ。思う存分、悲しんでいいんだ」と自分で自分を「許す」ことができる点だと思う。

いざとなったら仕事を休む

現実には、多くの人にとってペットのために仕事を休むことが難しいことは承知している。それでもあえてこう書いたのは、世の中には「ペット忌引き」休暇を設けている会社もあるからだ。そのひとつがペット保険大手のアイペット損害保険株式会社で、同社が手掛けるペットロスに関するアンケート調査は本書の中でもたびたび引用している。

同社では二〇一六年から犬・猫と一緒に暮らしている社員を対象に、「ペット休暇制度」を取り入れており、年に二日、ペットと過ごすための休暇を取得できる「ペット休暇」と、ペットが亡くなった場合に年三日（一年に一頭）の休暇を取得できる「ペット忌引き」制度を導入している。

「当社では、『ペットは家族』と捉えておりまして、経営理念としても『ペットと人とが共に健やかに暮らせる社会』を掲げています。ペット保険を取り扱う会社としても、従業員とそのペットが健やかな人生を送るための制度は積極的に導入すべきという想いから、ペット休暇・ペット忌引きの制度を設けました」（同社広報部）

当初は対象となるペットは犬と猫に限られていたが、現在では鳥、うさぎ、フェレット、ハリネズミ、モモンガ、リス、モルモット、さらにはトカゲ、カメレオン、イグアナ、カメといった爬虫類にまでペット休暇・忌引きの対象は広がっているという（犬・猫以外のペットについては、休暇、忌引きとも年一日となっている）。

「二〇二一年度の利用実績は、ペット休暇が一〇六名、ペット忌引きは一九名です。二〇二二年度は二三年一月末時点で、休暇が一四二名、忌引きが一一名となっています」

同社の社員は二〇二三年一月末現在で約五七〇名というから、二五％ほどの社員がペットのために休みをとっていることになる。

「ペット休暇については、ペットと楽しく過ごす以外にも、最期の看取りに近い段階になったときに、ゆっくりと一緒に過ごしたり、病院につれていったりするときにも使われています。実際にペットが体調を崩したのでペット休暇で病院につれていったところ、残念ながら亡くなってしまったので、そのまま忌引きをとったというケースもあります。転職してきた社員からは、『前の会社ではペットの体調が悪いから、早く帰るというだけでも上司にイヤな顔をされている同僚を見ていたので、ペットを理由に休みをとりにくかった。こういう制度は本当に有難いし、安心して働ける』という声も聞かれました」

何と言っても制度を通じて、ペットロスが職場で「公認」されていることは大きい。

「日頃から自分のペットの話を職場で話している社員も多いので、例えば『(ペットの)体調が悪いんです』と言ったら、上司や同僚から『もし休みが必要だったら、とって構いませんよ』と言われたという声もありました。亡くなってしまってからも、ある程度、その悲しみを職場で共有してくれる人がいることに救われるようです」

同社では、ペットロスをこじらせて出社できなくなるようなケースは報告されていないという。納得のいく「最期のお別れ」ができるかどうかで、ペットロスの重さが変わってくるということについては第5章で述べた通りだが、たとえペット休暇はなくとも「いざとなったら休む」ことの効用は、知っておいてもいいかもしれない。

その悲しみを誰かに話す

ペットが亡くなった後で、その悲しみを話せる相手がいるかどうか。

ペットロスの「第一波」の衝撃を乗り越える方法は、ほぼそれがすべてと言っていい。「どうすればペットロスから回復できるのか？」という質問に対して、私が取材したペットロスの専門家は誰もが「その悲しみを誰かに話すことが一番大事」と口を揃えた。問題は、悲しみを明かす「誰か」を見つけるのがなかなか難しいということだ。「ペットを亡くして悲しいなんて、話された方だって迷惑だろう」と考えてしまう人もいるだろう。だからこそ前出の濱野氏や横山氏のような「ペットロスの話を聞いてくれるプロ」がいる、ということは知っておいて損はない。

一方で横山氏は、こう指摘した。

「本当は精神科医やカウンセラーでなくとも、他者に話すことでペットロスを乗り越えるきっかけは摑めるはず。注意すべきは、ペットに関わる人――獣医師や看護師、あるいはペット仲間――であっても、悲しみ方は人それぞれ違うということ。だから話をする人は、相手に自分の悲しみが伝わらない、とイラついてはいけないし、逆に話を聞く人は、すぐに『こうすれば』とか相手に指摘したり、原因を見つけようとせずに、ただ聞くことが大事です」

アンケートの回答を見ていると、実際にペットを亡くした経験のある人たちに話すことが大きな支えになったという声が少なくなかった。前出のユウコさんは、ペットロス経験のある三人の友人に連絡をとり、自身が抱えている辛さを共有してもらっている。〈骨壺を抱いて寝たというようなそれぞれの体験を聞くことで、自分の辛さが理解されたように感じましたし、自分だけではないということがわかり、とても救われました〉

勤め先の花屋で看板犬まで務めていた柴犬の「みゆう」を一七歳で亡くしたみゆきさんは、〈同じ経験をされた方に打ち明け、話を聞いてもらいました。また職場で可愛がってくれていた人が一緒に泣いてくれ、随分救われたと思います〉。

またロングコートチワワの「チップ」を亡くしたChipさんは、一年経ってもペットロスから立ち直ってはいないというが、〈同じく愛犬を看取った友達から『姿は見えなくても、ずっとそこにいるんだって』という言葉を聞いて、少し救われました〉と綴った。

自身の悲しみを語りながら、同じ痛みを知るペットロス経験者の言葉に耳を傾けることでも、救われるのだ。

興味深いのは、アメリカ在住の中田理恵さんがミニチュアシュナウザーのライリーを亡くした後で、友人から教えられて参加したペットロスの「サポート座談会」である。ペットを亡くした経験があるという共通点だけで全く見知らぬ者同士が集まって、それぞれの喪失体験と悲しみを語るだけでも、「本当に救われる思いがしました」という中田さんはこう語ってくれた。

「私自身、最初は知らない人に自分の悲しみを打ち明ける羞恥心の方が勝っていましたが、その場にいる人たちが本当に共感してくれているのを感じて、悲しみが少し軽くなるような気がしました」

むしろ相手が知らない人たちだったからこそ、「ペットを亡くした」という唯一の共通点が時間とともに深い絆へと変わっていったのかもしれない。アメリカと日本の文化の違いはあれど、日本でもこうした試みはもっとあってもいいように思う。

ところで、アンケートの回答者の中には、アンケートを書いて自分の気持ちを表に出したことで、救われたという感想を寄せてくれる人も意外なほど多くいた。

〈アンケートに答えることで、頭でただ思っているだけではなく、口にする。言葉にする。書く。描く。そういった丁寧な時間を持つことが「失った」ことばかりに目が行きがちな気持ちをたわめ、幸せな時間と関係を確かにしてくれ、支えになるのではないかと感じました〉（那由多さん）

〈（ペルシャ猫の）フェアリーちゃんとの別れについて軽く話されたくないという気持ち

が強く、誰にも話すことなく過ごしておりました。同じ境遇を経験された方に思いを伝える、涙はまだまだたくさん流れるのですが「涙活」も大事だと今回改めて感じたりしました。このような形でお話しさせていただけたこと、ある意味感謝の気持ちでいっぱいです〉（よんはちさん）

このアンケートのサイトは、この新書が刊行された後には、閉じるつもりだった。だが、ここで悲しみを綴ることが、ペットロスの渦中にいる人たちにとって何らかの救いになる可能性があるのだとすれば、もうしばらくサイトはそのままにしておこうと思う（「伊藤秀倫のブログ」http://itohidenori.com/もしくはインスタグラム「保護犬レタラの冒険」https://www.instagram.com/retar_chupki/より）。少なくとも私は、ライターとしてのライフワークとして、回答をお寄せいただいた方とペットの「物語」をずっと読ませていただくつもりでいる。

とにかく家を出て歩きまわる

私の場合、悲しみを和らげるのに最も効果的だったのは、「亡くなった犬のリードを持って散歩する」という方法だった。ペットロス対策のひとつとしてどなたかが紹介されているのをネットで見かけてやってみたところ、確かに一定の効果があった。ミントと一緒に歩いた場所も、そうでない場所も、行きたくても行けなかった場所も、思いつくところはすべて歩き倒した。そうやって歩いている間は、涙が出てくることはなかったし、確かにちょっと気が紛れた。今、当時歩いたルートを辿ろうと思っても無理だな、と思うくらい長い距離を歩いていた。

近年、精神医学の分野では、ウォーキングやジョギングなどの運動に、うつ病や不安障害を低減する効果があることが報告されている。適度な運動により、脳内で感情のコントロールや精神の安定に関わる神経伝達物質「セロトニン」が分泌されることもわかってきたという。

こうした知見も「ペットロスには散歩」説をある意味では裏付けるのかもしれないが、私自身の経験では、散歩することで、とにかく家に閉じこもらないという点が大きいように思う。外に出ると、散歩中の犬を見て自分の犬を思い出してしまうのが辛いという人もいるが、一八歳のプードルミックスの「プ～ちゃん」を、自分の腕の中で看取ったというRieさん（五〇代、北海道在住）はこう答えてくれた。

〈まだ（ペットロスから）立ち直れてはいないですが、無理に感情を抑え込もうとせず、お散歩中のワンコに声をかけ、触らせていただいたりしています。プ~ちゃんとよく散歩した公園へ行って、楽しかったね、ありがとうって呟いています〉

まず他の犬の飼い主に自分からコミュニケーションをとっている点が素晴らしいと思う。実際に自分の犬を亡くした後、ほかの犬と触れ合うことで回復の糸口をつかんだという人は少なくない。プ~ちゃんと散歩した公園で悲しみを覚えないはずはないが、それでも「楽しかったね、ありがとう」と呟く場面からは、第5章で登場した神職の菊地康予さんの「（ペットロスが重くなるか、ならないかを分けるのは）ペットへの『感謝』の念を持てるかどうか」という言葉を思い出す。感謝の言葉が、悲しみで塗りつぶされていた心の中に、ほのかに温かいものを灯す。その小さな灯を育てていくことでペットロスの悲しみは和らいでいく。

部屋の掃除をする／引っ越しをする

ペットを亡くした飼い主は、大量の「遺品」を前に途方に暮れる。ペットフード、ご飯を食べていたお皿、水入れ、首輪、リード、いつも抱えていた毛布、お気に入りだったおもちゃ、病院通いに使っていたケージ……捨てるべきなのか、残すべきなのか。

私の友人で、柴犬の「いずみ」を亡くした香子さんは、こんな話を教えてくれた。

「犬を亡くした直後に『見るだけで辛くなるから』と遺品を全部処分した方が知人にいたんです。でもしばらくしてから『あの子が生きていた証が何も無くなってしまった』とものすごく後悔されていたんです。だから私は、いずちゃんの遺品は、いったん全部押し入れの奥にしまって、時間が経って少し落ち着いてから改めて取り出して、整理しました。いつもあの子が寝ていたお気に入りのクッションも捨てようか迷いましたが、結局取っておくことにしました。今でも晴れた日には、陽だまりのクッションの上であの子が寝ているような気がして嬉しいんです」

落ち着いて遺品を整理することで、飼い主はペットの死を受け入れる。そうやって遺したモノからも回復へのエネルギーを受け取ることができるのである。

一方で「部屋の掃除」の効用を説くのは、芸能界デビューの頃から飼い始めた愛猫「久石（クインシー）」を亡くした壇蜜さんだ（第9章）。私の「ペットロスを和らげる方法はありますか？」という質問に対して、彼女はこう答えたのである。

「今は掃除を頑張ってますね。できるだけ掃除して、家の中を綺麗にしておくと、自分の心も落ち着くようです。自分の心が散らかっていて、部屋も同じように散らかっているとリンクしちゃって、『このまま部屋を出て、どっか行ったらラクになれるかも』という気持ちになっちゃうんです。部屋を綺麗にするようになってからは、そういう気持ちはあまり起きなくなりました」

自分の体験も踏まえて、壇蜜さんのこの答えには「なるほど」と思わされた。ペットロスの怖いところは、悲しみのどん底にいる感覚が続くと、どこかで「これはこれで居心地がよい」と感じてしまう点だ。雑然として片付かない部屋は、そういう状態に自らハマりにいくための「舞台装置」として作用しかねない。逆に綺麗に片付いた部屋で嘆き悲しみ続けるのは、意外と難しいような気がするのだ。部屋を綺麗にすることで、散らかった心とリンクすることを断ち切る、という壇蜜さんのやり方は、とても実践的だと思う。

実践的といえば、ペットの専門学校に通っていたという前出のNaaさんは、このままでは自分が深刻なペットロスに陥る危険性があることに気づき、思い切った行動に出る。

〈子どものころから動物が好きで色んな子を飼ってきました。ですがこんなに短い別れははじめてで、心の準備ができてませんでした。数日たってくると気持ちが落ち着いてきましたが、同時に家に帰りたくなくなってきました。ベルが使っていたものも片づけられずそのままで。結局、思い出の詰まった部屋にいるのがストレスで引っ越すことを決意しま

した。その後は時間とともに受け入れることができました〉
　場所と悲しみがリンクしている以上、場所そのものを変える「引っ越し」も、悲しみを断ち切るひとつの方法であるには違いない。

ぬいぐるみやオンリーワンな形見に触れる

　ペットロスが辛いのは、心理的喪失感と物理的喪失感のダブルパンチで襲ってくる点だ。特に「もう抱っこすることも、撫でることもできないんだ」という現実に物理的に打ちのめされる。

　最愛の犬「べべ」（フレンチブルドッグ）を亡くした上沼恵美子さん（第8章）は、失ったものの大きさをこんな言葉で表現した。

「どんな辛いときでも、あの子を触っているだけで深呼吸できた。それが今はいないわけです。触るという意味ではね（涙ぐんで胸をさすりながら）ここがスースーするんです。私、何回撫でたかな、思うんですよ、この手は、あの子を……」

　今、こうして書いているだけでも、上沼さんの悲しみが時空を超えて胸に伝わってくる一節だが、上沼さんはこの物理的喪失感に対処するために、ぬいぐるみを買ったのだという。

「信じられへんくらい派手なクマさんのぬいぐるみを見つけてね、それに『べべ』ってネックレスをつけて、一緒に寝てるんです。犬じゃなくてクマのぬいぐるみなんですけどね（笑）。傍から見るとちょっとアレな人間に見えるのは自分でもよくわかっているんですけど、ちょっと似てるんですね、手触りが。べべに。それを抱いていると少し救われます」

前出のみゆきさんも、ぬいぐるみに救われたと語る。

〈愛犬に少し似ているぬいぐるみを買い（亡くなった直後はソックリだと余計に辛いので、似てるね、というくらいが良いと思います）、ふとしたときに撫でたり声を掛けたりしました。周りから見ればバカみたいと思われるかもしれませんが、毎日していたことを全くしなくなるのはもっと辛いので、非常におすすめです〉

家のあちこちに残されたペットの毛や遺骨、あるいは手形や足形などの「形見」の品でオンリーワンなアクセサリーをつくる人も多い。前出の香子さんは、愛犬の遺骨を小さなケースに入れて、「何かあったら語り掛けたりしていますね（笑）。一緒にいるような気がするんです」と語ってくれた。

形あるものを胸に抱き、語りかけるという〈毎日していたことを全くしなくなる〉喪失感が、ぬいぐるみやオンリーワンのアクセサリーで多少なりとも埋められるのなら、それはとても意味のあることだと思う。

写真や動画をたくさん撮っておく

「ねころんだ／猫ロンダ」の連想から初めて飼った猫に「ロンダ」と名付けたリタさん（四〇代、東京都在住）の「その日」は突然やって来た。

〈とにかく賢く、よく喋り甘えん坊で、猫と暮らす楽しさや、猫との暮らし方をあれこれ教えてくれるような存在でした。私を猫マスターに育てるべく派遣されたかのような、とてもいい師匠〉だったロンダだが、ある日、在宅で仕事をしているリタさんの膝の上で、寝ていたかと思うと突然苦しそうにして、そのまま一声唸って急死してしまう。リタさんは〈突然でしたが、在宅でしかも私の膝で寝ている時だったおかげで最期をしっかり見届けられました。このことがかなりショックからの立ち直りを助けてくれました〉と書き、ペットロスから立ち直るのに有効だった具体的な方法を教えてくれた。

〈亡くなったあとフォトフレームに一番かっこいい写真をプリントして入れ、それを一番目につくところに飾っています（お骨と一緒に）。見るたびに「ここにいるんだ」と思い

ます〉

　ロンダを直接は知らない私にも、意気揚々としたその写真が目に浮かぶ。

　私が取材した限り、ペットの死後、その写真や動画を見ることができる人とできない人がいる。私自身は、動画は見ることができたし、それによって癒されもしたが、写真はどうも悲しみを刺激されることが多かった。ちなみに妻は写真はともかく、しばらくは動画はまったく見られなかった。このへんは個人差があるとしか言いようがないが、こと自分に関する限り、動画の中のミントの姿に思わず頬がゆるみ、悲しみがだいぶ緩和されたのは確かだ。これについて前出の濱野氏はこう語る。

「そういうケースは初めて聞きましたが、研究に協力してほしいくらい興味深いです。もしかすると写真だとペットのリアクションがないから、見る側の悲しい気持ちがそのまま投影されやすいのかもしれません。それに対して動画の方は、（ペットやその場にいた人の）リアクションが映っているので、その場面での楽しい気持ちを追体験しやすい可能性はあるかもしれません。いずれにせよ、それぞれの人に適した向き合い方があるのかと思います」

　ヨークシャーテリアの「リトル」を亡くしたAccoさん（四〇代、北海道在住）は、アンケートで、「今、ペットを飼っている人たちに伝えたいこと」としてこう書く。

〈たくさんの思い出を作って、そして写真や動画もたくさん残してほしいなと思います。思い出自体が宝物ですが、亡くなったあとに写真などで幸せな日々を振り返ることができるのはとても素晴らしいことだと思いました。記憶だけだと、忘れてしまうので〉

　まったくその通りだと思う。写真や動画はその子がこの世に生きた証に他ならない。亡くなった直後は見るのが辛くても、やがてその思い出に救われる日が必ず来る。そのときのために、写真や動画はたくさん撮っておいた方がいい。もっとミントの動画を撮っておけばよかった——これは私自身が今でも抱えるちょっとした後悔でもある。

「どうすればペットロスを癒せるのか」と考えたときに、「新しいペットを迎える」という解決法もあるが、なかなか大っぴらには言い辛いものがある。アンケートでも「新しい子がいたから、ペットロスを乗り越えられた」と語る人もいれば、「もうあんな悲しい思いをしたくないから、今はペットは飼っていません」と語る人もいた。もちろん、どちらが「正しい」ということはない。これについては私自身の現在の考えも含めて、最終章で改めて取り上げてみたい。

第11章

新しいペットを迎える

HIROHATA YUKICHI

今、こうして原稿を書いている私の足元には一匹の犬がいる。

ミントが亡くなってから一年が過ぎた頃、妻との間で、どちらからともなく「新しい犬を迎えよう」という話をするようになった。

ペットロスに関してよく言われるのは、「ペットを失った悲しみを癒すには、究極的には新しい子を飼うしかない」ということだ。私に関していうと、ミントを亡くしてしばらくの間は、新しい犬を迎えることは、正直考えもしなかった。亡くしたからといってすぐに新しい子を迎えるのは、ペットをモノ扱いしているような気がしたし、「ミントに申し訳ない」という気持ちもあったが、何よりもそのための気力も体力もなかった。

すぐに新しい子を迎える気力や体力が残っている人ならば、それもひとつの「解決法」ではあると思うが、その行為は、心にポッカリと空いた穴をそのままにして、また新しい穴を掘り始めるのにちょっと似ている。

つまり、心に空いた穴を「埋める時間」が必要であり、その時間がまさにグリーフワーク（悲嘆の仕事）ということになる。既に第1章で述べた通り、グリーフワークは必ずしも段階的に直線的に進んでいくわけではないし、その進み方には個人差がある。

ペットロスがもたらす人間的成長

あくまで私の場合だが、ミントのことを思い出すだけで胸が潰されそうな気持ちになる状態というのは、死後三カ月ぐらいまでだった。さらに三カ月が過ぎ、半年が経つ頃には、目の光を失って横たわる最期の姿ですべてが塗りつぶされていたミントとの思い出の中から、楽しかった記憶、幸せだった瞬間が、沼の底から吹き上げる湧水のごとく、ポコポコと浮かんでくるようになったのだ。それから、自身のペットロス経験をもとに取材を始めたことで、結果的にグリーフワークは順調に進んだのだろう。

　前出の濱野氏は、ペットロスは、飼い主に人間的な成長をもたらすという。

「グリーフワークの過程で、そのペットが与えてくれたものや、命の大切さを実感し、他者の悲しみへの共感性が増す。そうした経験は、その後の人生の貴重な糧となります。これを心理学用語では『ポストトラウマティックグロース』（心的外傷後成長）といいます。伊藤さんが自身のペットロスの経験を記事にすることで、同じような経験をした人たちに資するものにしようという風に考えたのも、その一つの現れと言えるかもしれません。私の研究では、そのペットに注いだ愛情が深ければ深いほど、結んだ絆が強ければ強いほど、失った後に訪れる人間的な成長も大きく、また回復への道のりも順調に進む傾向があります」

ミントの死を通して自分が人間的に成長したか、と言われると心許ないが、ひとつだけ分かったことがある。それは「なぜ自分よりも早く死ぬと分かっているのに、ペットと暮らすのか」ということだ。その答えは至極単純で、ペットが与えてくれる幾多の喜びは、ペットがいなければ、そもそも存在しなかったものだからだ。最期の別れの悲しみによって、ペットとともに暮らした幸せな時間が一時的に見えづらくなっても、消え失せるわけではない。そして新しいペットを迎えたからといって、亡くしたペットと紡いできた時間が消え失せるわけではない。

グリーフケアアドバイザーの阿部氏は「ペットとの出会いは必然の奇跡」と語る。

「その子と出会ったことで、飼い主さんの人生は大きく変わります。笑顔が絶えず、心配事も少なくない刺激的な日常が続くわけです。一方でふと『この子がいなくなったら、自分はどうなっちゃうんだろう』とも考えちゃうわけで、ペットが元気なときから、実はグリーフは始まっています。でもこれは自然なこと。やがて本当にエンディング、別れのときがやってきて、もちろん凄まじいグリーフを経験するわけですが、そのとき飼い主さんを支えてくれるのは、お互いに『癒し合った』幸せな時間です。それはその子と出会わなければ、決して生まれなかった時間だと気付くことができれば、ペットロスによるグリーフから回復へと向かう力を得られるんです」

オーストリアの著名な動物行動学者、K・ローレンツは、その著書『人 イヌにあう』の中で、ペットを失った悲しみで新しいペットを迎える「勇気」を持てない飼い主に向けて、こんな言葉を残している。

〈だから私は、最期の避けられない別れを思って新しいイヌを飼うのをしりごみする感受性の強い人びとを、全面的に非難することはできない。まったく彼らを非難しないというのか？　そう、たしかに私はそうするつもりはない。だが、人間の生活においては、すべての喜びは悲しみによってあがなわなければならないのだ。バーンズ（スコットランドの国民的詩人。「蛍の光」の原曲の作詞者として知られる）も言っているとおりである。

　喜びはけしの花の開くに似たり
　手にとるや花はこぼれ落つ
　あるいは、川面に散る雪か
　ひととき白く――永遠にとけゆく

遅かれ早かれ運命がつきつける勘定書の支払いを恐れて、いくつかの許された、倫理的

にも正当な人生の喜びを断念する人物を、私は、基本的にはなまけ者なのだと考える〉
「なまけ者」という言葉は何とも痛烈だが、私が新しい犬を迎えるにあたって、心のどこかで意識していた言葉であることは間違いない。

保護犬を迎える

新しい犬を迎えるとなったとき、「今度はできれば保護犬を迎えよう」と妻と決めた。

「保護犬」とは、様々な事情で現在飼い主がおらず、民間の保護団体や保健所などの行政施設によって一時的に保護された犬のことである。私が現在住んでいる北海道にもいくつかの保護団体があり、そのホームページには現在、里親募集中となっている犬や猫たちの写真が掲載されている。保護犬を迎えると決めてからは折を見て、そうしたホームページをチェックするようになっていたのだが、そんなある日、「認定ＮＰＯ法人ＨＯＫＫＡＩＤＯしっぽの会」（北海道長沼町）のページで気になる仔犬を見つけた。

「ウェル」という名前のその仔犬の「事情」はこうだ。

「しっぽの会」では、数年前から道東の滝上町で繁殖し、問題となっていた野犬の群れを保護する活動を行っており、そうして保護した母犬が二〇二一年一月一二日、同会の施設で六匹の仔犬を産んだ。それぞれ「ジャニー」「ニア」「アーリー」「ツー」「ウェル」「ルブ」と（誕生日の日付の英語読みにちなんで）名付けられた仔犬たちは、ゴールデンウィーク前に里親募集となるや、次々と引き取られていったが、「極度のビビリ」で人慣れ訓練に時間がかかっているという「ウェル」だけがきょうだいの中で一匹残っていた——。

私がウェルに惹かれたのは、そのちょっと可哀想な「居残り感」もさることながら、ウェルの外見がありし日の「ミント」に似ていたからだ。ともに雑種で、ミントは白を基調に黒のブチ模様だったが、ウェルも同じく白毛（後で気付いたが背中にミルクティーのような薄茶の模様がある）で、何よりその目がミントにそっくりに見えた。

「とりあえず会いにいってみようか」

その時点では、新しい犬がウチにやってくるかも、という可能性については半信半疑だった。「先代犬に似ている」というだけで、人生の新しい伴侶として迎えていいのか、という迷いもあったが、「もしご縁があるなら繋がるだろう」という考えに落ち着いた。

保護犬を迎える場合は、まずは施設まで出向き「面会」してみて、お互いの相性を見ることになる。スタッフに付き添ってもらって一緒に散歩をしたり、保護団体によっては数週間、「おためし」で一緒に暮らしてみるトライアル期間を設けているところもある。

事前に「極度のビビリ」と聞いていたウェルとの初対面は、最初こそ吠えられたものの、意外にも逃げ回ることはなく、妻のカバンについていた球状の木製アクセサリーに興味を示して寄ってきてくれた。しゃがんで首筋を軽く抱き寄せると、硬直しながらも大人しく触らせてくれた。

その瞬間、この仔犬とこれから人生を共にすることになるかもしれない、という予感めいたものが走った。同時に、この犬の「犬生」を妻と二人で引き受けることの重みがいきなりドーンと胸に沁みた。

それから、施設周辺を三〇分ほどかけて散歩した。施設の外に一歩でると、さすがに「ビビリ」たる本領を発揮して、後ろをついてくるスタッフの方ばかり見て、前に進むのも一苦労だ。先代ミントは散歩が大好きだったので、そのギャップに少し戸惑う。

散歩から戻ると、スタッフからウェルの里親に正式に応募するかを訊かれ、反射的に「お願いします」と答えていた。覚悟が決まったというよりは、自然と口から飛び出した感じだった。ウェルには、私たちより先に面会した二組の里親候補から、既に応募が入っているという。もし私たちが応募した場合、候補は三組となるが、その中からウェルとの相性や飼育条件などを考慮して、スタッフで話し合った末、最適と思われる一組が選ばれることになる。

その二日後、「しっぽの会」から電話で、「ウェルを伊藤さんたちに引き取っていただくことに決まりました」と連絡を受けた。ミントの死で止まっていた自分たちの人生の一部が、また動き出す音を聞くような思いだった。

その後、再び施設を訪れ、引き取りの事前説明を受けてウェルと二回目のお散歩をし、さらに後日、スタッフが私の自宅を訪れて周辺を含めた飼育環境のチェックを行った。

「亡くなった子が新しい子を連れてきてくれる」

こうして初めて会ってからわずか一週間で、ウェルは正式に「ウチの子」になり、名前もその毛並みにちなんでアイヌ語で「白」を意味する「レタラ」と改めて名付けた。「新しい犬を迎えよう」と決めてから、ひと月経たないうちの怒濤の展開に、やや呆然としながら、私は以前、阿部氏に聞いたこんな言葉を思い出していた。

「亡くなったペットは、この世に肉体はなくても、飼い主さんを幸せにする役割を続けてくれています。そして悲痛な時間を耐えて、前を向けるようになった飼い主さんのもとに、彼らが選んだ新しい子を連れてきてくれるんです。だからミント君も近い将来、伊藤さんのところに彼の弟か妹を連れてきてくれるはずです。『命のバトンタッチ』が行われて、その新しい子とのオンリーワンなペットライフが営まれる中で、また幸せがフィードバックされる。そうやってミント君を失ったグリーフも癒されていくはずです」

今、こうしてレタラを迎えてみると、全く阿部氏の言った通りだったことに驚かされる。保護犬と一口にいっても育った境遇によって、その気質は様々だ。レタラの場合は母犬が半野良の野犬であり、自然界にないものは基本的に怖い。だから近所の公園の散歩がレタラにとっては、大冒険に等しい。車はもちろん自転車やベビーカー、スケボー、子ども、消火栓、果ては傘の開く音……人間界のちょっとした刺激でパニックになり、リードを振り切るように逃げようとする。その動きは予測不能で、時には「逸走未遂」で背筋が凍る思いをしたこともあった。そのあたりの難しさは分かっていたつもりだったが、ミントとのあまりの違いに愕然とした。

それでも時間が経つにつれ、以前は怖がったモノを横目でスルーできるようになっていった。ビビリながらも慎重に対象を観察し、ひとつひとつ危険かどうかを判断していたのだ。「ひょっとしてレタラってすごく賢い?」と妻と顔を見合わせることが増えてきた。

それは同時に「犬好き」を自認していた私の犬に対する誤解に気付く経験でもあった。

例えば私が一人で歩いているとき、よその犬がこっちをじっと見ていたとする。そんな時、これまでは「オレが犬好きなの分かるのかな」と、いい気になって目を合わせて、スキンシップまで図ろうとしていたが、今ではぐっと我慢するようになった。

少なくともレタラに関して言うと、彼は撫でて欲しくて人間を見るのではない。「コイツは何者だ？」と警戒しながら、じっと観察しているのだ。そんなときに不意に手を出されるのは、彼にとっては恐怖でしかない。

それほど人間を警戒するレタラだが、一度心を許した人のことは決して忘れない。「しっぽの会」に里帰りしたとき、全身全霊で喜びを表現してスタッフの方に跳びついていく様は、いつまでも見ていたい光景のひとつだ。

ともすると私たちは人間の視点で犬の気持ちや感情を判断しがちだが、犬には犬の行動規範があり、幸福の基準がある。レタラを見ていると、そんな当たり前のことに改めて気付かされる。そしてレタラのちょっとした表情や仕草に、ミントとの共通点を見出すことで、ミントとレタラを重ね合わせながら、悲しみのあまり封印していたミントとの思い出を「いい犬だったよなぁ」と振り返る時間が明らかに増えた。レタラを迎えたからといって、ミントと紡いできた時間が消え失せるわけではないのである。そう思い至ると不思議なもので、最初あれほど似ていると思ったミントの面影をレタラの中に見出すのは、今となっては難しくなっている。ミントはミントで、レタラはレタラだ、という当たり前のことにようやく気付いたわけだ。

ノーリードの大型犬に殺された愛犬

というわけで「新しい子を迎える」ことで、ペットを失った悲しみを癒すという方法については、私は当初の懐疑的な立場から、肯定的な立場へとシフトしたともいえる。

そのことに気付かされたのは、私自身の経験だけによるのではない。

「犬や猫と共に暮らし、幸せになる」というテーマを掲げた『わんにゃんハート』の副編集長、後藤はるかさんの体験は壮絶の一言に尽きる。

二〇二〇年四月、後藤さんは愛犬の「ファーファ」（♂・ヨークシャーテリア）を連れて、札幌市内のとある飲食店を訪れていた。ファーファはまだ九カ月の仔犬である。

「ちょうど翌日から『緊急事態宣言』が出るというタイミングだったので、その前に『外出納め』で友人と会っていたんです」

オーダーを済ませた後、「ちょっとその辺を散歩させてくるね」と友人に告げた後藤さんは、店を出て歩き出そうとした。その時、死角から「黒い塊」が飛び出してきた。「ウォンウォン！」

雄叫びのような吠え声を上げてファーファに覆いかぶさったのは、この店で飼われている大型犬で、何にも繋がれていない「ノーリード」の状態だった。次に後藤さんの記憶に残っているのは、地面に人形のように横たわるファーファの姿だった。

「抱きかかえると首がだらんと下がり、白目を剝いて、舌が伸びきってしまっていました。何が起きたのか理解できませんでした」

後頭部に手を触れるとフニャリと柔らかい感触がした。その瞬間、すべてを悟った。

「『ファーファ！　ファーファ！』と絶叫する自分の声が未だに耳に残っているんです」

するとこの大型犬の飼い主である男性の店主が店から出てきて、犬を殴りつけた。そしてぐったりとしたファーファを一瞥すると、こう言ったのである。

「まだ、生きてるじゃない！」

すぐに友人の車で病院に向かう。後藤さんの腕の中でファーファの肺がゆっくりと三回、上下し、やがて止まった。動物病院に着き、医師が汗だくで蘇生処置を施すのを、悪い夢を見ているような気持ちで見守るほかなかった。

「先生、その治療、あとどれぐらいやる価値がありますか？」

気が付くと後藤さんはそう口にしていた。ファーファの命の光が既に消えてしまったことを、誰よりもよくわかっていたからだ。医師は静かに首を振った。

「それから私の生活は一変しました。毎晩、小さな骨壺を抱いて、泣きました。『あの日、出かけなければ……』『もっと気をつけていれば……』『そもそもウチの子にならなければ』……喪失感や罪悪感や後悔がとめどなく湧いてきて、廃人のように呼吸することしかできませんでした。それまでの人生で、間違いなく一番苦しい時間を過ごしました」

会社の上司は後藤さんの状況をよく理解し、一週間の休みをくれた。

「今、思えば、この一週間、現実と向き合うための時間を持てたことがすごく大切だったように思います」

そして後藤さんは立ち上がった。

今回の事故は大型犬が「ノーリード」だったことがすべての原因であることは明らかだ。

「ファーファの死を無駄にするわけにはいかない」。後藤さんは再び前を向く。調べてみると、ノーリードの犬による他の犬に対する殺傷事故は、想像する以上に頻繁に起きており、しかも被害者側は泣き寝入りするケースが多いことがわかってきた。

「飼い主にとって愛犬はかけがえのない家族ですが、法律上はあくまで『モノ』であり、死亡事故であっても『物損事故』として扱われるんです。そうした現実を前に、ほとんどの被害者は心が折れてしまい、裁判によって加害者側の責任を追及する気力をなくしてしまいます」

だが後藤さんは、泣き寝入りしなかった。

「ちょうど新型コロナウイルス関連で一〇万円の給付金が支給されたタイミングだったんです。だから一〇万円を握りしめて、弁護士の先生に相談に行ったんです」

たまたま繋がった弁護士は自身もボーダーコリーを飼っている愛犬家だったこともあり、後藤さんの話を聞き、「許せないよね」と全面的な協力を約束してくれた。

一方でノーリードの大型犬の飼い主の対応は誠実とは言い難いものだった。事件後、店主の妻から手紙が送られてきたが、そこに大型犬がノーリードだったことが招いた悲劇の責任を認め、謝罪する言葉はなかった。

「正直、恨みましたね。丑の刻参りのことを本気で調べたり、あのときの自分は鬼になっていたと思います」

後藤さんは、弁護士を通じて先方に自らの非を認め、ノーリードをやめるなど今後の飼い方の改善を求める内容証明を何度も送った。やりとりの中で店主の妻から〈お辛い中、犬に関する仕事をされる姿に感服いたします。真の愛犬家に、人を心から恨む人はおりません〉と書かれた手紙が届き、先方の弁護士からは〈過去の判例に基づき、慰謝料一〇万円で……〉という申し出があるに至って、後藤さんはこう返した。

〈あなた方は本当に、人ですか？　自分の犬が同じ目に遭ったら同じことを言えますか？本当に誰も恨まずにいられると思いますか？〉

結局、「心から納得する結果ではなかった」ものの、ファーファの死から三カ月後に示談に至ったという。

私が驚いたのは尋常でない状況で愛犬を失いながら、その衝撃がもっとも深刻なはずの時期に、後藤さんが闘っていたことだ。なぜそんなことができたのか。

「ここで自分が闘わないと一生後悔すると思いました。……あとは何かしていないと、家で一人でじっとしているとどうにかなりそうだったというのもあります」

言うまでもないことだが、示談という形で一定の決着は付けられても、後藤さん自身がこの事故により負った大きな心の傷は、癒えるものではない。

「やっぱり事故の瞬間の記憶が、フラッシュバックしてきて、何度も自分を責めては涙が出てきました。示談が済んでからも、ときに加害犬の飼い主に対し、言葉にならない気持ちが溢れて、なかなか前を向くことができない日々が続きました」

これまで後藤さんはペット雑誌の編集者として、「人生に犬を！」というメッセージを発信し続けてきた。だからこそ「新しい犬を迎える」ことも考えてはいた。

「でも、新しい子を迎えるのはファーファに対してどこか申し訳ない気がしたし、またファーファと比べてしまうのではないかという葛藤もありました。そして、いつか必ずまたやってくる別れに耐えられるのかという怖さは拭えませんでした」

仕事柄、読者の犬や猫と日々、触れ合うなかで寂しい気持ちは幾分かは紛らわせられる。このまま、犬のいない暮らしを送っていくのかな、と思い始めたとき、以前ファーファを譲ってもらったブリーダーのＡさんからこんな連絡が入った。

〈ファーちゃんのパパとママの子が三匹生まれたよ〉

つまり、ファーファの弟や妹ということになる。送られてきた写真を食い入るように眺めていた後藤さんは、その中の一匹に目を奪われる。ファーファとそっくりなつぶらな瞳を見ながら、思わず「おかえり」と呟いていた。

「もう一度、ファーファと過ごしたようなあの楽しかった暮らしを取り戻したい。この子を幸せにしたいと、強く思いました」

　後藤さんは、その子「ミリー」を迎える決心をした。それから一年あまりが過ぎて、迎えた当初は八五〇グラムだったミリーの体重は、ようやく一キロを超えた。

「かなり成長がゆっくりなんです」と後藤さんは苦笑するが、ミリーはその小さな身体で、後藤さんやその家族のもとに、一度は失ったはずの笑顔と喜びを運んでくれる。

「いま、ペットロスに苦しんでいる人に、『もう一度、犬と幸せになってほしい』なんて無責任なことは私には言えません。しつけに悩み、病気になれば頭を抱え、最期の瞬間には、身も心も引き裂かれるような悲しみと対峙しなければならないわけですから。でもミリーを迎えてみて思うのは、こんなにもまっすぐに人間を信じてくれる存在は、他にはいないということ。ミリーがいなければ、私は今も、ファーファを亡くした悲しみの沼の中でもがき続けていたはずです」

　そう語った後藤さんだが、最後にこうも呟いた。

「……でも、ファーファの死なない自分の人生を生きたかったな」

亡くしたペットを忘れるためではない

この章を通じて、私は「ペットを亡くした人は、すぐに新しい子を迎えるべきだ」と言いたいのではない。新しい子を迎えずとも、多くの場合、ペットロスの悲しみは時間の経過の中で、少しずつ癒えていく。それがグリーフワークであり、実のところ、飼い主の中ではペットが亡くなる直前から、グリーフワークの過程は既に始まっている。だからペットが高齢になれば、近い将来に確実にやってくる喪失の悲しみに、ある程度、備えることもできなくはない。

だが、後藤さんのケースのように、不幸な事故などの突然の死によってペットを失った人に限っては、こうした通常のグリーフワークは望むべくもない。心の準備も何もないままに、いきなり喪失の悲しみと向き合わなければならないからだ。

そういう場合は、新しい子を迎えることを積極的に考えるべきではないだろうか。亡くした子を忘れるために、新しい子を迎えるのではない。その子を亡くした悲しみと向き合いながらも、その子と過ごした幸せな日々の記憶を取り戻す作業を、新しい子との日々の生活が手伝ってくれるのだ。

レタラを迎えた今、私の一日は、ミントの骨壺を安置した祭壇に一本の線香を手向け、「今日もレタラを見守ってください」と呟くことから始まる。

そして一日の終わりには、私たち夫婦のベッドの上で目を閉じるレタラにこう声をかける。

「よく来てくれたね、レタラ」

するとレタラは微かな吐息をつく。まるで幸せが零《こぼ》れる音だ——夜毎《ごと》にそう思う。

エピローグ——いつか来る「その日」の後で

この本の原稿と格闘していた昨年夏のある日、担当編集の西泰志さんから、こんなメールが転送されてきた。元のメールの送り主は、「文春新書」編集部部長の前島篤志さんだ。

〈岩波文庫の『江戸漢詩選　上』を読んでいて、六如《りくにょ》という天台宗のお坊さんが詠んだ「所愛払菻狗死」（愛する所の払菻狗《ふつりんく》の死）という愛犬の死を悲しむ詩が、なかなか泣かせる内容でした。江戸のペットロスだ！　ということで、担当の西くんに、と思った次第〉

私はライターになる前は文藝春秋に勤めていたので、前島さんが文春きっての活字マニアであることは知ってはいたが、プライベート（だろう、おそらく）で漢詩を読んでいるのか、と驚くよりもちょっと笑ってしまった（ついでのようで恐縮だが、当初の予定より大幅に遅れてしまったこの原稿に最後まで辛抱強く丁寧にお付き合い下さった前島さんと西さんのお二人には、この場を借りて御礼とお詫びを申し上げたい）。

それはさておき、漢詩は「天台宗のお坊さん」である六如（一七三四—一八〇一）が

「払菻狗」（狆《ちん》）を商人から買ったところから始まる。犬はよくなついて、六如は非常にかわいがっていたのだが、三年ほどで病気になってしまう。それでも犬は六如の顔を見れば、わずかに尻尾を振り、頑張って頭を持ち上げ、その物憂さを訴えようとするようで、六如は人畜の違いを超えて愛情を受け入れることがあるのを初めて信じた、と詠む。結局犬は死んでしまい、六如は犬の遺骸をムシロに包んで埋めて、小さな塚を作って卒塔婆を立てた。そしてこの漢詩は次のように結ばれる（書き下しと口語訳は、揖斐高編訳『江戸漢詩選上』岩波文庫に拠った）。

夜帰《やき》　猶《な》ほ疑ふ　戸を出でて迎ふるかと（夜、家に帰れば戸口まで迎えにくるのではないかと疑い）

金鈴　耳を聳《そばだ》てて　響《ひびき》有りや無しや（首につけていた金の鈴が鳴らないかと耳を聳ててしまう）

情懐《じょうかい》　悪を作《な》して幾《ほと》んど餐《さん》を廃し（気持ちが優れないのでほとんど食事もとらず）

終日　兀兀《ごつごつ》として蒲団に坐す（一日中、座布団の上に独りじっと座っている）

応《まさ》に高人に愚惑《ぐわく》を笑はるべし（才識のすぐれた人には、きっと私のこの愚かしい惑いは笑

われるだろう）

安《いずく》んぞ知らん　此の心　仁の端に非ざることを（けれど、この心が仁徳というものの糸口なのではあるまいか）

なるほど、これは確かに「江戸時代のペットロス」を詠んだ詩である。

興味深いのは、京都・正覚院の院主も務めた六如が、愛犬の死に打ちひしがれている自分は傍から見ると愚か者に見えるだろうと言いながらも、悲しむことを否定していない点である。こうした感情は仏教の世界では、執着とか煩悩として切り捨てられるものと思っていただけに意外な気がした。それどころか六如は、愛犬の死を悲しむこの心こそが儒教の徳目のひとつである「仁（慈愛）」の道に通じるのではないか、とまで言っている。

ミントの死をきっかけに始まった三年に及ぶペットロス取材は、ここに来て、思いがけないところに着地しつつある。当初はペットロスを「乗り越える」方法を探すつもりだったが、そもそもペットロスは「乗り越える」べきもの、つまり「終わり」にすべきものではなかったのだ。六如の言う通り、むしろそれは歩むべき道の「始まり」として捉えるべきものなのかもしれない。

ペットロスは乗り越えられない。ただペットロスと共存し、その悲しみも含めて自分の人生の一部にすること――それがペットと幸せな人生を歩んだ飼い主が歩むべき道なのだと思う。

そのことを教えてくれたのは、アンケートに協力してくれた四五人の「物語」だった。

紙幅の関係でその全部を紹介することはできなかったが、サヌキさん、ユイさん、Chipさん、那由多さん、レイコさん、リタさん、大類さん、ユウコさん、Yさん、サホさん、オオクマさん、Kさん、クロさん、すーもさん、よんはちさん、メザキさん、クマザキさん、あかねさん、ひえちむ小梅の母さん、Naaさん、きょうこさん、夏月さん、もち之助さん、masaeさん、ヒスママさん、ゆきこさん、Accoさん、ヒトさん、典子さん、みなさんママさん、洋子さん、tiarubyママさん、Rieさん、みゆきさん、さっこさん、犬部さん、マロンさん、香子さん、あづさん、ロベさん、ナツコさん、アツコさん、マリモママさん、キクチさん、アキさん（順不同）といった方々には感謝してもし切れない。また〝古巣〟の文春の皆さんと媒体のSNSを通じて、アンケートへの協力を広く呼び掛けてくださった『わんにゃんハート』の後藤はるかさんの協力がなければ、ここまで多くの人の回答は得られなかった。改めて御礼を申し上げたい。

ペットロスを経験したことで、自分の中で変わったことがひとつある。

それは今、こうしてレタラと過ごしていることがいかに尊い時間であるかを、大げさでなく一瞬、一瞬感じているということである。別の言い方をすれば、その白い毛並みを撫でているとき、雪原を疾走する姿に目を奪われているとき、ベッドの上でその寝息に耳を傾けているとき、心のどこかで「いつかまたレタラも逝ってしまうのだ」という微かな痛みを感じている。その痛みに気づかぬフリをしながらレタラを見ると、レタラはレタラでやけに神妙な顔でじっと私の顔を見返していることに気づく。

彼らもまた限られた生の時間を私たちと暮らすことを選んでくれたのである。だとすると、私たちにできることはひとつしかない。

今、ペットと暮らしている人は、家に帰ったらいつもより少しゆっくりその毛並みを撫でてあげてほしい。幸せというものに形があるとすれば、それはあなたのペットの形をしているはずだ。その幸せは手に触れることができる。積み重ねた幸福な感触と結びついた記憶は、いつか来る「その日」の後で、きっとあなたを助けてくれるはずだ。

伊藤秀倫（いとう　ひでのり）

1975年生まれ。東京大学文学部卒。1998年文藝春秋入社。「Sports Graphic Number」「文藝春秋」「週刊文春」編集部などを経て、2019年フリーに。ヒグマ問題やペットロスなど動物と人間の関わりをテーマに取材している。現在は札幌在住。

文春新書

1409

ペットロス　いつか来《く》る「その日《ひ》」のために

2023年5月20日　第1刷発行

著　　者　　伊藤秀倫
発行者　　大松芳男
発行所　株式会社　文藝春秋

〒102-8008　東京都千代田区紀尾井町3-23
電話（03）3265-1211（代表）

印刷所　　理想社
付物印刷　大日本印刷
製本所　　加藤製本

定価はカバーに表示してあります。
万一、落丁・乱丁の場合は小社製作部宛お送り下さい。
送料小社負担でお取替え致します。

ISBN978-4-16-661409-7